兽医社会化服务畜禽防疫
人员技能操作指导

吴　洁　刘良波◎著

 中国纺织出版社有限公司

内 容 提 要

兽医社会化服务是农业社会化服务的重要组成部分，是兽医服务的重要实现形式。畜禽防疫人员是我国动物疫病防控体系的基础，是动物强制免疫、畜禽标识加挂、免疫档案建立和动物疫情报告等重要防疫措施实施的重要力量，在保证我国动物卫生安全和畜禽产品质量安全方面起着非常重要的作用。本书主要讲述了兽医社会化服务概述、畜禽保定、畜禽免疫接种、禽畜寄生虫病、消毒、畜禽标识及养殖档案管理、样品采集、病死动物的处理。本书汇集了相关学科的专家、技术员、基层一线工作者的集体智慧，注重实践，突出实用性，便于从业者参考使用。

图书在版编目（CIP）数据

兽医社会化服务畜禽防疫人员技能操作指导 / 吴洁，刘良波著 . -- 北京：中国纺织出版社有限公司，2021.9

ISBN 978-7-5180-9158-4

Ⅰ. ①兽⋯　Ⅱ. ①吴⋯　②刘⋯　Ⅲ. ①畜禽—防疫　Ⅳ. ① S851.3

中国版本图书馆 CIP 数据核字（2021）第 227787 号

责任编辑：段子君　　责任校对：高　涵　　责任印制：储志伟

中国纺织出版社有限公司出版发行
地址：北京市朝阳区百子湾东里 A407 号楼　邮政编码：100124
销售电话：010—67004422　传真：010—87155801
http://www.c-textilep.com
中国纺织出版社天猫旗舰店
官方微博 http://weibo.com/2119887771
北京虎彩文化传播有限公司印刷　各地新华书店经销
2021 年 9 月第 1 版第 1 次印刷
开本：710×1000　1/16　印张：10
字数：134 千字　定价：88.00 元

前　言

2017 年 12 月 15 日农业部下发了《农业部关于推进兽医社会化服务发展的指导意见》（以下简称《意见》），《意见》指出，要充分认识推进兽医社会化服务发展的重要性和紧迫性。党的十九大提出实施乡村振兴战略，健全农业社会化服务体系，对兽医工作提出了更高要求。兽医社会化服务是农业社会化服务的重要组成部分，是兽医服务的重要实现形式。推进兽医社会化服务发展既是落实党的十九大精神、加快转变政府职能、改善公共服务的根本要求，又是深化兽医领域供给侧结构性改革、创新兽医服务供给方式的着力点，有利于整合运用社会资源，形成全社会共同参与的兽医工作新模式；有利于提高我国兽医服务能力水平，进一步满足养殖业转型升级对专业化、组织化兽医服务的迫切需求，巩固乡村振兴的产业基础。党的十九大以来，各地初步探索了一些兽医社会化服务模式，取得了积极成效，但总体上仍存在覆盖不全面、服务不专业、机制不完善等问题。当前，我国兽医卫生事业处于新的发展阶段，迎来可以大有作为的战略机遇，要在准确把握维护养殖业生产安全、动物产品质量安全、公共卫生安全和生态安全这一新时期兽医工作定位的基础上，持续推进兽医社会化服务发展，更好地满足全社会多层次多样化的兽医服务需求。各级兽医主管部门一定要站在战略和全局的高度，充分认识兽医社会化服务发展的重要性和紧迫性，主动适应新形势、新任务、新要求，创新思路，主动作为，积极采取有力措施，扎实推进兽医社会化服务实现突破性发展，为提高我国兽医工作整体水平、构建具有中国特色的现代化兽医卫生治理体系打下坚实基础。

本书汇集了相关学科的专家、技术员、基层一线工作者的集体智慧，注重实践，突出实用性，便于从业者参考使用。

本书编写过程中参考了以往出版的部分图书及网络资料，已经在参考文献中一一指出，在此向相关作者表示诚挚的感谢。由于作者的水平有限，难免存在不足之处，欢迎广大读者与专家批评指正。

著　者

2021 年 4 月

目　　录

第一章

村级动物防疫员概述

村级动物防疫员队伍是我国动物疫病防控体系的基础，是动物强制免疫、畜禽标识加挂、免疫档案建立和动物疫情报告等重要防疫措施实施的主体力量，在保证我国动物卫生安全和畜禽产品质量安全方面起着非常重要的作用。

第一节　村级动物防疫员队伍的建设

一、村级动物防疫员的岗位职责

村级动物防疫员在当地兽医行政主管部门的管理下，在当地动物疫病预防控制机构和动物卫生监督机构的指导下，在其所负责的区域内主要承担以下工作职责。

（1）协助做好动物防疫法律法规、方针政策和防疫知识宣传工作。

（2）负责本区域的动物免疫工作，并建立动物养殖和免疫档案。

（3）负责对本区域的动物饲养及发病情况进行巡查，做好疫情观察和报告工作，协助开展疫情巡查、流行病学调查和消毒等防疫活动。

（4）掌握本村动物出栏、补栏情况，熟悉本村饲养环境，了解本地动物多发病、常见病，协助做好本区域的动物产地检疫及其他监管工作。

（5）参与重大动物疫情的防控和扑灭等应急工作。

二、加强村级动物防疫员队伍建设的主要措施

（1）加强对村级动物防疫员队伍建设的组织领导。各地要把村级动物防疫员队伍建设作为基层动物防疫体系建设的一项紧迫任务，摆到突出位置，列入重要议事日程，切实加强领导。要根据《农业部关于加强村级动物防疫员队伍建设的意见》的精神，制定本地区村级动物防疫员队伍建设实施方案，有计划、有步骤地加以推进。要把村级动物防疫员队伍建设作为考核重大动物疫病防控措施落实和兽医管理体制改革工作的一项指标，逐级进行考核。

（2）科学配置村级动物防疫员。村级动物防疫员的配置，要与动物防疫工作实际相适应，要确保禽流感、猪蓝耳病等重大疫病防控措施在基层能够得到有效落实。各地要根据本地区畜禽饲养量、养殖方式、地理环境、交通状况和免疫程序等因素综合测算，科学合理配置村级动物防疫员。原则上每个行政村要设立一名村级动物防疫员。畜禽饲养量大、散养比例高或者交通不便的地方，可按防疫工作的实际需要增设。

（3）落实村级动物防疫员责任。要建立村级动物防疫员工作责任制。村级动物防疫员主要承担动物防疫法律法规宣传、动物强制免疫注射、畜禽标识加挂、散养户动物免疫档案建立、动物疫情报告等公益性任务。各地要进一步量化村级动物防疫员的工作任务，细化质量标准，明确考核指标，保证各项工作任务明确、进度具体、要求严格。

（4）做好村级动物防疫员选用。建立和完善村级动物防疫员选用制度。村级动物防疫员要优先从现有乡村兽医中选用。要按照公开、平等、竞争、择优的原则，严格掌握选用条件，严格选用程序，严把进入关。要与村级动物防

疫员签订基层动物防疫工作责任书，明确其权利义务。

（5）加强村级动物防疫员培训。各地要加强村级动物防疫员培训，综合运用教育培训和实践锻炼等方式，着力培养一支适应重大动物疫病防控工作需要的村级动物防疫队伍。要建立健全村级动物防疫员岗前培训和在岗培训制度，把村级动物防疫员培训纳入动物防疫队伍整体培训计划，制定系统完善的培训方案。要增强培训的针对性和实用性，切实提高村级动物防疫员业务素质和工作能力。

（6）完善村级动物防疫员工作考核机制和动态管理机制。各地要把动物强制免疫、畜禽标识加挂、免疫档案建立和动物疫情报告等情况作为考核主要内容，定期对村级动物防疫员的工作情况进行检查考核，对基层兽医防疫的工作开展综合评价，并将评价结果与报酬补贴挂钩。对工作表现突出，有显著成绩和贡献的村级动物防疫员给予表彰、奖励；对完不成工作任务的，给予相应的处罚。要坚持人员的动态管理，对综合考评不合格的，要及时调整出村级动物防疫员队伍。要建立健全村级动物防疫员监督管理办法，严肃村级动物防疫员工作纪律，规范村级动物防疫员行为。

（7）建立村级动物防疫员经费保障机制。基层兽医防疫工作经费以地方财政投入为主，中央财政给予适当补助。各地要在中央出台基层动物防疫工作经费补助政策的基础上，积极协调财政等有关部门，建立完善基层动物防疫工作特别是基层兽医防疫工作经费补助制度。要认真测算基层兽医防疫工作的任务量和工作强度，把基层兽医防疫工作所需的各项经费纳入财政预算，切实提高基层动物防疫工作的经费保障水平。要为基层兽医防疫工作配备必要的疫苗冷藏设备和防疫器械，切实提高基层兽医防疫工作的装备水平。要加大村级动物防疫员队伍培训经费投入力度，切实提高村级动物防疫员队伍技术水平。

（8）因地制宜地探索加强村级动物防疫员队伍建设的方式方法。各地要注意发挥先进典型的示范和引导作用，通过现场会、经验交流会等形式，推广各地在推进村级动物防疫员队伍建设工作中的好经验、好做法。要加强调查研究，找出适合本地区的健全防疫网络、提高人员素质、完善运行机制的好办法。要加强村级动物防疫员队伍建设的监督和指导，不断研究解决工作中出现的新情况、新问题，不断完善相关措施。

三、加强村级动物防疫员队伍建设的重要意义

近年来国内外重大动物疫情频繁发生。高致病性禽流感在全球范围内不断蔓延，对畜禽养殖业和社会发展产生了较为严重的影响。我国也先后多次发生较大规模的禽流感、猪蓝耳病疫情，对局部地区的畜牧业经济发展造成严重危害。重大动物疫病防控的实践证明，要有效预防和控制重大动物疫情的发生和流行，必须进一步推进兽医管理体制改革，加强动物防疫体系建设，健全兽医工作队伍。动物防疫员队伍是动物疫病防控体系的基础，是动物强制免疫、畜禽标识加挂、免疫档案建立和动物疫情报告等重要防疫措施实施的主体力量。加强动物防疫员队伍建设，可以把动物防疫的网络延伸到基层，可以把动物防疫的意识强化到基层，可以把动物防疫的技术传授到基层，有利于禽流感、猪蓝耳病等重大动物疫情的早发现、早反应、早处置，有利于各项动物疫病防控措施的落实。近年来，各地在村级动物防疫员队伍建设方面进行了有益的探索，对有效防控重大动物疫病发挥了重要作用，但这项工作整体上进展还很不平衡，队伍不稳定、人员素质不高、经费缺乏、管理制度不完善等问题十分突出，基层兽医防疫队伍极不适应防控重大动物疫病的需要。各地一定要充分认识加强村级动物防疫员队伍建设的重要性，增强做好这项工作的责任感和紧迫感，采取有力措施，积极推进，不断提高防控重大动物疫病的能力和水平。

第二节　村级动物防疫员职业道德

（1）要掌握动物防疫相关的法律法规和管理办法。村级动物防疫员要认真学习《中华人民共和国动物防疫法》《动物疫情报告管理办法》《重大动物疫情应急条例》等法律法规，以及高致病性禽流感、口蹄疫、猪瘟、布氏杆菌病等防治技术规范，并将法律法规和管理办法中有关要求应用到动物防疫工作中，做到知法、懂法、守法、宣传法。

（2）要认真学习动物防疫的技术技能。村级动物防疫员必须认真学习动物疫病防控技术技能，熟练掌握动物强制免疫、畜禽标识加挂、免疫档案建立和动物疫情报告等防疫措施的技术技能，能完成并胜任各项基层防控工作。

（3）要积极参加培训，不断提高动物疫病防控技术水平。村级动物防疫员要不断参加培训，掌握动物疫病防控的新技术、新要求和疫病流行的新特点，不断提高基层防控工作的能力和水平。

（4）要认真负责，有强烈的责任感。村级动物防疫员在基层防控工作中要认真负责、吃苦耐劳、勤勤恳恳、尽职尽责，有强烈的责任感，做好基层防控工作。

第二章

动物保定

　　动物保定是指用人为的方法使动物易于接受诊断和治疗，保障人、畜安全所采取的保护性措施。动物保定是兽医从业人员（特别是防疫人员）应具备的基本操作技能之一，良好的保定可以保障人畜的安全，并且有利于防疫工作的开展。保定的方法很多，且不同动物的保定方法也不同，保定时应根据条件、动物品种选择合适的保定方法。

第一节　保定方法

一、接近动物的方法

　　（1）应以温和的呼声，先向动物发出欲要接近的信号，然后从其前方慢慢接近。

　　（2）接近后，可用手轻轻抚摸动物的颈侧或臀部使其保持安静和温顺的状态，以便进行检查；针对猪，则可在其腹下部用手轻轻搔痒，使其安静或卧下，然后进行检查。

（3）接近动物时一般应有畜主或饲养人员在旁进行协助，应熟悉各种动物的习性及其惊恐与欲攻击人、畜时的神态（如马竖耳、瞪眼；牛低头凝视；猪斜视、翘鼻、发呼呼声；犬狂叫、龇牙等）。除亲自观察外，尚需向畜主了解动物平时的性情，如是否有胆小易惊、好踢人、咬人、顶人等恶癖。

（4）接触马属动物时，一般应先从其左前侧方接近，以便事先有所注意。不宜从正前方和直后方贸然接近，以免被其前肢刨伤或后肢踢伤。

二、保定动物的方法

家禽个体小，在笼内或使用围网易于捕捉，一人即可处置。防疫员对牛、猪等家畜进行免疫时应尽可能地在其自然状态下进行，必要时，可采取一些保定措施。

兽医临床上一般在了解各种动物的习性及其自卫表现的基础上，根据家畜的种类、个体特征和工作目的，采取不同的方法，进行疫苗免疫时保定动物要求简易安全，便于处置。

（一）牛的保定

1. 站立保定法

（1）徒手握牛鼻保定法。徒手握牛鼻保定法（如图 2-1 所示）是先用一手抓住牛角，然后拉提鼻绳、鼻环，或用一手的拇指与示指、中指捏住牛的鼻中隔加以保定。适用于一般检查、灌药、颈部肌内注射、颈静脉注射及采血。

（2）牛鼻钳保定法。牛鼻钳保定法（如图 2-2 所示）就是将鼻钳的两钳嘴抵入两鼻孔，并迅速夹紧鼻中隔。用一手或双手握持，亦可用绳系紧钳柄固定之。适用于一般检查、灌药、颈部肌内注射、颈静脉注射及采血、检疫。

图 2-1　徒手握牛鼻保定法

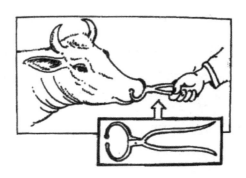

图 2-2　牛鼻钳保定法

（3）单柱颈绳保定法。单柱颈绳保定法（如图 2-3 所示）就是将牛的颈部紧贴单柱，以单绳或双绳做颈部活结固定。适用于各种临床检查、检疫、注射及颈、腹、蹄等疾病治疗。

图 2-3　单柱颈绳保定法

（4）下颌上撬保定法。下颌上撬保定法（如图 2-4 所示）就是取一条绳，绕成适当大小的圈，套入门齿、臼齿间的间隙，然后把木棍插入绳圈内捻转，使绳圈收紧，并把牛头抬起。此法适用于一般注射、外科处理，也可应用于去势。但要注意，绳圈扭转不能过紧，特别是牛发生骚动时不可以加强捻转来保定，以防引起下颌骨骨折。

图 2-4 下颌上撬保定法

（5）两后肢保定法。两后肢保定法（如图 2-5 所示）是用绳子的一端扣住牛一后肢跗关节上方跟腱部，另一端则转向对侧肢相应部作"8"字形缠绕，最后收绳抽紧使两后肢靠拢，绳头由一人牵住，随时准备松开。此法可用于牛的直肠、乳腺及后肢的检查。

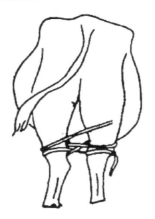

图 2-5 两后肢保定法

2．柱栏保定法

（1）二柱栏保定法。两根相隔一定距离的柱子，上方绑一根横梁即成二柱栏。将病畜牵至柱栏内，鼻绳系于头前柱子上，然后在肩关节水平位置缠绕围绳，并且吊挂胸、腹绳带即可（如图 2-6 所示）。此法可用于临床检查，各种注射及颈、腹、蹄部疾病的治疗。

图 2-6　牛二柱栏定保定法

（2）三柱栏保定法。在农村，当保定条件有限时，可利用一棵大树和两根长约 3 米、粗约 15 厘米的木棍或粗毛竹保定。将牛牵入两木棍间，牛头置于树的一侧，然后迅速将木棍夹住，并在牛后方用绳拉紧（如图 2-7 所示）。本法可用于各种注射，但不能用于凶猛的牛。

图 2-7　牛三柱栏保定法

（3）四柱栏保定法。先将前柱横杆安好，然后牵牛由后方进入柱栏内，头绳系于横栏前部的铁环上，最后装上后柱间的横杆及吊挂胸、腹绳带（如图 2-8 所示）。

图 2-8　牛四柱栏保定法

3．侧卧保定法

（1）提肢倒牛法。取约 10 米长的绳子，折成一长一短，于折转处做一套结，套于倒卧前肢系部，将短端从胸下过对侧绕上肩部返回同侧，由一人拉住，长端向上从臀部绕住两后肢，交助手牵引。畜主牵牛向前，当牛的倒卧侧前肢抬起时，保定者拉紧短绳并下压，同时助手将臀部的绳下移，紧缚两肢并用力向后拉，前后合力，即可倒卧。按住牛头，并将前、后肢缚在一起即可（如图 2-9 所示）。

图 2-9　提肢倒牛法

（2）"8"字形缠绕倒牛法。用两条手指粗的长绳，由两人同时将绳的一端分别拴在非倒卧侧前、后肢关节的上方，再用另一端分别于倒卧侧前、后肢相应部位作"8"字形缠绕，然后将前肢的绳向后牵引，后肢的绳向前牵引，数人同时用力牵拉，使四肢近乎合于胸腹下而向后倒卧（如图 2-10 所示）。

图 2-10　"8"字形缠绕倒牛法

（3）背腰缠绕倒牛法。取一条长约 15 米的绳，一端拴在牛的两角根处，另一端在胸腹部缠绕躯干部 1 周。绳子套好后，由一人抓住牛鼻环绳和牛角，向倒卧侧按压牛头，另由 2～3 人用力向后牵拉绳子，使牛后肢屈曲而自行倒卧后，捆缚其四肢保定（如图 2-11 所示）。

图 2-11　背腰缠绕倒牛法

（4）双跪式倒牛法。为了避免倒牛时勒伤乳房或阴茎，且倒牛后易充分捆缚四肢，用此法甚佳。本法需保定者 4 人，3 米长绳两根。一人牵牛鼻环保定牛头，两人分别站于牛胸侧两旁，取一根绳，按图 2-12（1）所示，拴系在前肢系部；一人将另一根绳双折，松松地围套住牛两后肢［如图 2-12（2）所示］。做好上述准备工作后，牵牛前进，两侧助手用手向下拉绳，牛则下跪；使牛两前肢充分屈曲后，于背甲部打结固定；然后 4 人同时用力，前三人向倒卧侧推拉按压，拉后肢的助手收紧绳套，并向相反方向拉，迫使牛卧倒［如图 2-12（3）所示］。

(1)　　　　　　　　　　(2)　　　　　　　　　　(3)

图 2-12　双跪式倒牛法

（二）猪的保定

在猪群中，可将其赶至猪栏的一角，使其相互拥挤而不便活动，然后进行处置。欲捉住猪群中个体猪只进行处置时，可迅速抓提猪尾、猪耳或后肢，将其拖出猪群，然后做进一步的保定。适于检查体温、臀部肌内注射及一般临床检查。

1．鼻绳保定法

鼻绳保定法（如图 2-13 所示）就是在绳的一端做一活套，使绳套自猪的鼻端滑下，当猪张口时迅速使之套入上颌，并立即勒紧；然后由一人拉紧保定绳的另一端，或将绳拴于木桩上。此时，猪多呈用力后退姿势，从而可保持安定的站立状态。适于体格较大的猪、带仔母猪或大公猪的保定，可用于投药、注射、免疫、前腔静脉采血等。

图 2-13　鼻绳保定法

2．抓耳提举保定法

抓住猪的两耳，迅速提举，使猪腹面朝前，并以膝部夹住其颈胸部。抓耳提举用于经口插胃管、气管内注射或耳根部、颈部肌内注射等。

3．后肢提举保定法

抓住猪的两后肢后节并将其后躯提起，夹住其背部而固定。后肢提举用于腹腔注射及阴癞手术等。

4．网架保定法

网架保定常用于一般检查及猪的耳静脉注射（如图 2-14 所示）。

图 2-14　猪网架保定法

5．侧卧保定法

一人抓住一后肢，另一人抓住耳朵，使猪失去平衡，侧卧倒地，固定头部，再根据需要固定四肢。适用于各种注射、阉割手术。

6．仰卧保定法

将猪放倒，使猪保持仰卧姿势，固定四肢。适用于灌药、前腔静脉采血。

7．猪保定架保定法

猪保定架保定法包括仰卧保定和背位保定。猪保定架保定法可用于一般检查、静脉注射及腹部手术等（如图 2-15 所示）。

（1）仰卧保定　　　　　　　　　　　　　　（2）背位保定

图 2-15　猪保定架保定法

猪只保定时的注意事项：

①尽可能避免剧烈追赶，以免影响检查结果。

②固定绳应打活结，便于解脱。

③对气喘病的猪不宜强制保定。

④注意安全，避免被咬伤（尤其检查口腔时）。

⑤根据检查、处置或手术的需要，可采取相应的保定方法。

（三）羊的保定

包括站立保定法、倒卧保定法。

1．握角站立保定法

握角站立保定法（如图2-16所示）就是两手握住羊的两角，骑跨羊身，以大腿内侧夹持羊两侧胸壁即可保定。适用于临床检查、治疗和注射疫苗。

图 2-16　握角站立保定法

2．围抱站立保定法

从羊胸侧用两手（臂）分别围抱其前胸或股后部加以保定。适用于一般检查、治疗、注射疫苗。

3．横卧保定法

保定大羊时，术者可站在羊体一侧，分别握住羊的前、后肢，使羊呈侧卧姿势（如图2-17所示）。为了保定牢靠，可用麻绳将四肢捆绑在一起。

图 2-17　横卧保定法

4．坐式保定法

此法适用于羔羊。保定者坐着抱住羔羊，使羊背朝向保定者，头向上，臀部向上，两手分别握住羊的前、后肢。

（四）马的保定

1．鼻捻子保定法

鼻捻子保定法（如图2-18所示）就是将鼻捻子绳套套于左手上并夹于指间，右手抓住笼头，持绳套的手自鼻背向下抚摸至上唇时，迅速抓住上唇。此时右手离开笼头，将绳套套于唇上，并迅速向一个方向捻转把柄，直至捻紧为止。

图2-18　鼻捻子保定法

2．耳夹子保定法

一手迅速抓住马耳朵，另一手迅速将耳夹子放于耳根部并用力夹紧（如图2-19所示）。此法适用于一般检查和治疗。

图2-19　耳夹子保定法

3．前肢徒手提举保定法

从马前侧方接近，面向后方；内侧手扶住鬐甲部，外侧手沿肢体抚摸，达于系部时握紧，同时用肩部将病畜向对侧推，使重心移向对侧肢；随即提起前肢，使腕关节屈曲抵于保定者膝部（如图 2-20 所示）。也可以在徒手提举的基础上，以绳索捆缚提举保定（如图 2-21 所示）。

图 2-20　前肢徒手提举保定

图 2-21　绳索捆缚提举保定

4．后肢提举保定法

保定者面向马，站在提举肢的侧方；一手扶髋关节，并抓住尾巴，随即弯腰，另一手自股部向下抚摸到系部握紧，并向上方扳，提起该肢，放于保定者膝部，并用两手固定。也可用绳索提举保定（如图 2-22 所示）。

图 2-22　后肢提举保定法

5. 两后肢防踢法

在两后肢系部各缚一条绳子，将其游离端平行地通过两前肢间，在胸前左、右分开，并向上转到鬐甲部打一活结［如图 2-23（1）所示］或转到背部上方打一活结［如图 2-23（2）所示］此法常用于室外进行直肠检查或母马配种时的绑定。

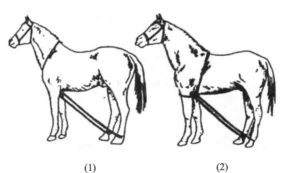

(1)　　　　　　　　　　　　(2)

图 2-23　马两后肢防踢法

6. 两后肢站立保定法

用一条长约 8 米的绳子，绳中段对折打一颈套，套于马颈基部，绳两端通过两前肢和两后肢之间，再分别向左、右两侧返回交叉，使绳套引回颈套，系结固定。

7. 马的独柱保定

将马颈缚于柱上,可进行任何检查及挂马掌等(如图2-24所示)。

图2-24 马的独柱保定

8. 马的二栏柱、四栏柱保定

方法与牛相同(如图2-25所示)。

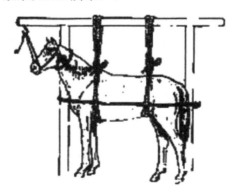

图2-25 马的二柱栏保定法

9. 六柱栏保定法

先将前带装好,马由后方牵入,装上尾带,并把缰绳拴在门柱上。为防止马跳起或卧下,可分别在马的鬐甲上部和腹下用扁绳拴在横梁上作背带和腹带(如图2-26所示)。

图 2-26　马的六柱栏保定法

10．柱栏内前后肢转位保定法

为了检查四肢及蹄底部疾病等，必须将肢体转位并固定。前肢前方转位保定法，可于四柱栏或六柱栏内，用扁绳系于前肢系部，牵引到同侧前柱外侧绑紧（如图 2-27 所示）。后肢前方转位保定法，用扁绳系于保定肢的系部，绳的游离端经马的腹侧，由内绕过前柱返回到两后肢之间，并从保定肢跗关节上方绕过，用力牵引保定绳，提起保定肢，然后将肢与横木缠绕数圈保定（如图 2-28 所示）。后肢后方转位保定法，用扁绳系于后肢系部或跖部的下端，将绳经同侧后柱外上方绕过横杆，提举后肢到同侧后柱外侧，并缚绕 2~3 圈，压于跟腱上方（如图 2-29 所示）。

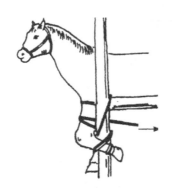

图 2-27　前肢前方转位保定法

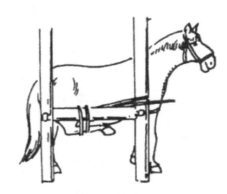

图 2-28　后肢前方转位保定法

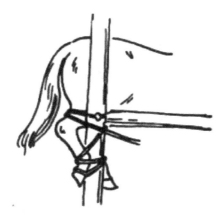

图 2-29 后肢后方转位保定法

11. 单套绳倒马法

用一条长约 10 米的粗绳，一端套以铁环于右侧颈部系成单套结，铁环置于右侧；助手牵住马头，保定者持绳另一端行到马后部，将绳置于两后肢间，向后拉绳转回右侧；将绳的一端从马背上绕过经腹下抽出，穿过铁环，此时向后推移背绳，经臀部下落到马左后肢系部；保定者以脚蹬住右侧铁环处，用力拉绳使马右后肢尽力前提的瞬间，持绳迅速经马的后部回旋到左侧，并把绳压在马的腰部；用力拉绳下压，与保定马头的助手密切协作，使马失去重心而向左倒卧（头部应用麻袋垫好，并用力固定）；将绳拉紧使肢前伸到铁环处扣紧，再将另一后肢同样用活套拉至同一处缚紧（如图 2-30 所示）。

图 2-30 单套绳倒马法

12. 双抽筋倒马法

需一根长 15 米的绳子、一根长 20 厘米的小木棍和两个铁环。在绳的正中系一个双套结，将双套的结节放在颈部下侧，下套置于颈的两侧，并各套一个铁环，再把双套引到鬐甲前上方，用木棍将双套连接固定；然后将游离的两根绳从两前肢间通过，由跗关节上方分别绕至跗关节前方，由内向外各绕过原绳，再引向前方，从颈侧的铁环穿过；最后将跗关节上的绳套移到系部，随即由两个助手抓住穿过铁环的绳端，一齐用力向后牵引，马即倒卧。压住头部，继续拉紧绳端，分别用猪蹄结在后肢系部缚紧，再将两游离绳端插入上部的环中向后牵引，通过腹下插入两后肢间，再向前折，从跗关节上方向前方牵引，即完成倒卧后的后肢转位。解除时，只需解开蹄部绳结，再将颈套木棍取出即可（如图 2-31 所示）。

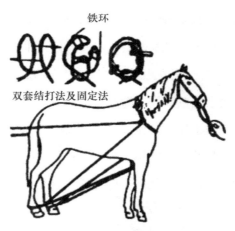

图 2-31　双抽筋倒马法

13. 三肢靠拢倒马法

取一根 4~5 米长的绳子，在绳的一端系个小绳环，固定两前肢；将游离端双折所形成的大绳环向后拉，并套在倒卧侧后肢系部；助手收紧游离端，此时，马因三肢靠近失去平衡而侧卧。倒卧后，继续抽紧绳端，使三肢充分靠拢交叉，打结固定（如图 2-32 所示）。松解时，摘除后肢的绳套即可。

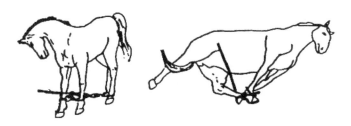

图 2-32 三肢靠拢倒马法

（五）犬的保定

1．徒手保定法

保定者一只手握住犬的双耳，另一只手按压住腰部或握住前肢。此法适用于小型犬的肌内注射、一般检查。

2．颈钳保定法

犬用颈钳的钳端由两个半圆形的钳嘴组成，钳柄长约1米。保定者手握钳柄，张开钳嘴夹住犬的颈部，再握住钳柄使犬头颈部活动受限制。此法用于凶猛犬的检查和药物、疫苗注射。

3．伊丽莎白圈保定法

伊丽莎白圈由塑料制成，圆片状，中心空。空处直径与犬颈部粗细相似。套在犬颈部后将按扣扣好，形成前大后小的漏斗状。此法用于限制犬的回头和后爪搔抓头部。

4．口笼罩保定法

将专用于套口的口笼罩套入犬的口鼻部，并将罩的游离固定带系在颈部。此法主要用于大型犬和中型犬的保定。

5．绷带保定法

取绷带或布条在其中间打一活结圈套（猪蹄圈），将圈套从鼻端套至鼻梁中部，捆住犬嘴，并将绷带的两端从下颌处向后引至颈部打结固定（如图2-33所示）。

图 2-33　犬绷带保定法

（六）猫的保定

1. 猫袋保定法

用人造革或粗厚布制成大、中、小型号的猫袋，长度分别为65厘米、45厘米和35厘米，宽度分别为25厘米、20厘米和15厘米，袋的一端缝制成既能抽紧又能放松的带子，袋的另一端缝制拉锁。根据医疗需要可使猫头部在外，身体其他部位都装入袋内（也可使臀在外），保定人员隔着布袋抓持四肢或头部进行保定。这样既便于诊疗，又可以保障人的安全。

2. 猫站立保定法

右手从猫头后紧握其颈部和下颌固定头部，左手从左后肋下抓住后腹并稍向上托举，使后肢离地，前肢着地负重，不能抓挠（如图2-34所示）。此法适用于性情温驯的猫。

图 2-34　猫站立保定法

3．猫倒卧保定法

此法基本上与犬倒卧保定法相同。如要进行阉割手术，可对母猫采取仰卧保定。公猫在保定台上进行右侧卧保定，也可按图 2-35 进行。

图 2-35　公猫阉割保定法

（七）兔的保定

1．徒手保定法

保定者抓住兔的颈部背侧皮肤，将其放在检查台上，两手抱住兔头，拇指、示指固定住耳根部，其余三指压住前肢，即可达到保定的目的（如图 2-36 所示）。

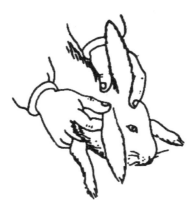

图 2-36　兔的徒手保定法

2．包布保定法

此法简便可靠，适于条件较差、单人进行静脉注射或灌药时的保定。方法是用一块边长1米左右的正方形或三角形包布，其中一角缝两条30厘米左右的带子，铺平包布，将兔子置于包布上；折起包布，盖于兔的背部；再将两侧包布向上折，包裹兔体；然后用前面的布绕颈包起，用带子绕兔胸打结，即保定完毕。

3．手术台保定法

一手抓住兔的颈部背侧皮肤，另一手托住其臀部；将兔仰卧在手术台上，四肢分开缚于手术台边的钩上；用兔头夹固定头部，使腹部向上固定在手术台上。

4．保定箱保定法

在进行灌药和治疗兔口腔病、耳疥癣时常用此法。保定箱分上部、下部，下部用活页相连，用于装兔体，前方有一缺口；上部是一盖。保定箱大小相当于兔体，装进兔子后，盖上上盖，使兔头暴露于外，箱身和上盖正好卡住其颈部（如图2-37所示）。固定盒保定法亦与此法基本相同（如图2-38所示）。

图 2-37　保定箱保定

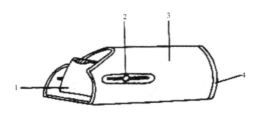

1. 内套　2. 固定螺丝　3. 外壳　4. 后盖

图 2-38　兔固定盒结构

（八）鸡的保定

1．手术固定板保定法

从鸡后面抓住鸡腿上部，逆时针方向交扭双翅；然后使鸡侧卧于手术固定板上，分别用绳子牢固地把鸡的双腿和交扭的两翅做一捆绑（如图2-39所示）。

图 2-39 鸡固定板保定法

2．保定杆保定法

将鸡的两翅在其根部做一交扭；然后使两腿向后伸直，用保定杆上的绳子把两腿捆在保定杆上。保定杆的另一端置于鸡的胸下，使鸡左侧卧于桌凳上。此法可用于鸡的阉割术。

（九）鸽子的保定

保定者张开手掌，把鸽子两翅夹紧，并将鸽子的两脚往后放，用中指和示指夹住双脚，手掌捏住鸽身，用大拇指、环指和小指由下往上压住两翅（如图2-40所示）。

图 2-40　鸽子的保定

第二节　动物保定注意事项

做动物保定时，应当注意人员和动物的安全。因此，应注意以下事项：

（1）要了解动物的习性，动物有无恶癖，并应在畜主的协助下完成。

（2）对待动物应有爱心，不要粗暴对待动物。

（3）保定动物时所选用具如绳索等应结实，粗细适宜，而且所有绳结应为活结，以便在危急时刻可迅速解开。

（4）保定动物时应根据动物大小选择适宜场地，地面平整，没有碎石、瓦砾等，以防动物损伤。

（5）保定时应根据实际情况选择适宜的保定方法，做到可靠和简便易行。

（6）无论是接近单个动物还是畜群，都应适当限制参与人数，切忌一哄而上，以防惊吓动物。

（7）应注意个人安全防护。

第三章

禽畜免疫接种

免疫接种是给动物接种疫苗或免疫血清，使动物机体自身产生或被动获得对某一病原微生物特异性抵抗力的一种手段。通过免疫接种，使动物产生或获得特异性抵抗力，预防疫病的发生，保护人、畜健康，促进畜牧业生产健康发展。

第一节　疫苗概述

一、疫苗的概念

由病原微生物、寄生虫以及其组分或代谢产物所制成的，用于人工自动免疫的生物制品，称为疫苗。给动物接种疫苗，刺激机体免疫系统发生免疫应答，产生抵抗特定病原微生物（或寄生虫）感染的免疫力，从而预防疫病。

二、疫苗种类

由细菌、病毒、立克次氏体、螺旋体、支原体等完整微生物制成的疫苗，称为常规疫苗。常规疫苗按其病原微生物性质分为活疫苗、灭活疫苗、类毒素。

利用分子生物学、生物工程学、免疫化学等技术研制的疫苗，称为新型疫苗，主要有亚单位疫苗、基因工程疫苗、合成肽疫苗、核酸疫苗等。

（一）活疫苗

活疫苗是指用通过人工诱变获得的弱毒株，或者是自然减弱的天然弱毒株（但仍保持良好的免疫原性），或者是异源弱毒株所制成的疫苗。例如布鲁氏菌病活疫苗、猪瘟活疫苗、鸡马立克氏病活疫苗（Ⅱ型）、鸡马立克氏病火鸡疱疹病毒活疫苗等。

1. 活疫苗的优点

（1）免疫效果好。接种活疫苗后一定时间内，活疫苗在动物机体内有一定的生长繁殖能力，机体犹如发生一次轻微的感染，所以活疫苗用量较少，而机体获得的免疫力比较坚强而持久。

（2）接种途径多。可通过滴鼻、点眼、饮水、口服、气雾等途径，刺激机体产生细胞免疫、体液免疫和局部黏膜免疫。

2. 活疫苗的缺点

（1）可能出现毒力返强。一般来说，活疫苗弱毒株的遗传性状比较稳定，但由于反复接种传代，可能出现病毒返祖现象，造成毒力增强。

（2）贮存、运输要求条件较高。一般冷冻干燥活疫苗，需 -15℃以下贮藏、运输，因此必须具有低温贮藏、运输设施，进行贮藏、运输，才能保证疫苗质量。

（3）免疫效果受免疫动物用药状况影响。活疫苗接种后，疫苗菌毒株在机体内有效增殖，才能刺激机体产生免疫保护力，如果免疫动物在此期间用药，就会影响免疫效果。

（二）灭活疫苗

灭活疫苗是选用免疫原性良好的细菌、病毒等病原微生物经人工培养后，用物理或化学方法将其杀死（灭活），使其传染因子被破坏而仍保留其免疫原性所制成的疫苗。灭活疫苗根据所用佐剂不同又可分为氢氧化铝胶佐剂、油乳佐剂、蜂胶佐剂等灭活疫苗。

1. 灭活疫苗的优点

（1）安全性能好，一般不存在散毒和毒力返祖的危险。

（2）一般只需在 2 ～ 8℃贮藏和运输条件，易于贮藏和运输。

（3）受母源抗体干扰小。

2. 灭活疫苗的缺点

（1）接种途径少。主要通过皮下或肌内注射进行免疫

（2）产生免疫保护所需时间长。由于灭活疫苗在动物体内不能繁殖，因而接种剂量较大，产生免疫力较慢，通常需 2 ～ 3 周后才能产生免疫力，故不适用于紧急预防免疫。

（3）疫苗吸收慢，注射部位易形成结节，影响肉的品质。

（三）类毒素

将细菌在生长繁殖中产生的外毒素，用适当浓度（0.3% ～ 0.4%）的甲醛溶液处理后，其毒性消失而仍保留免疫原性，称为类毒素。类毒素经过盐析并加入适量的磷酸铝或氢氧化铝胶等，即为吸附精制类毒素，注入动物机体后吸收较慢，可较久地刺激机体产生高滴度抗体以增强免疫效果。如破伤风类毒素，注射一次，免疫期 1 年，第二年再注射一次，免疫期可达 4 年。

（四）新型疫苗

目前在预防动物疫病中，已广泛使用的新型疫苗主要有：基因工程亚单位疫苗，如仔猪大肠埃希氏菌病 K88、K99 双价基因工程疫苗，仔猪大肠埃希氏菌病 K88、LTB 双价基因工程疫苗；基因工程基因缺失疫苗，如猪伪狂犬病病毒 TK/gG 双基因缺失活疫苗、猪伪狂犬病病毒 gG 基因缺失灭活疫苗；基因工程基因重组活载体疫苗，如禽流感重组鸡痘病毒载体活疫苗；合成肽疫苗，如猪口蹄疫 O 型合成肽疫苗。

三、疫苗的有效期、失效期、批准文号

（一）有效期

疫苗的有效期是指在规定的贮藏条件下能够保持质量的期限。

疫苗的有效期按年月顺序标注：

（1）年份四位数。

（2）月份两位数。

（3）计算从疫苗的生产日期（生产批号）算起。

如某批疫苗的生产批号是 20180731，有效期 2 年，即该批疫苗的有效期到 2018 年 7 月 31 日止。如具体标明有效期到 2018 年 6 月，表示该批疫苗在 2018 年 6 月 30 日之前有效。

（二）失效期

疫苗的失效期是指疫苗超过安全有效范围的日期。如标明失效期为 2019 年 7 月 1 日，表示该批疫苗可使用到 2019 年 6 月 30 日，即 7 月 1 日起失效。

疫苗的有效期和失效期虽然在表示方法上有些不同，计算上有差别，但任何疫苗超过有效期或达到失效期，均不能再销售和使用。

（三）疫苗的批准文号

疫苗批准文号的编制格式为：疫苗类别名称＋年号＋企业所在地省份（自治区、直辖市）序号＋企业序号＋疫苗品种编号。

兽药添字（××××）×× ××× ××××

（兽药生字）

四、疫苗的贮藏与运输

（一）疫苗的贮藏

1. 阅读疫苗的使用说明书

掌握疫苗的贮藏要求，严格按照疫苗说明书规定的要求贮藏。

2. 选择贮藏条件

（1）选择贮藏设备。根据不同疫苗品种的储藏要求，设置相应的贮藏设备，如低温冰柜、电冰箱、液氮罐、冷藏柜等。

（2）设置贮藏温度。不同的疫苗要求不同的贮藏温度。

①冻干活疫苗一般要求在 $-15℃$ 条件下贮藏，温度越低，保存时间越长。如猪瘟活疫苗、鸡新城疫活疫苗等。

②灭活疫苗一般要求在 $2 \sim 8℃$ 条件下贮藏，不能低于 $0℃$，更不能冻结，如口蹄疫灭活疫苗、禽流感灭活疫苗等；

③细胞结合型疫苗如马立克氏病血清Ⅰ、Ⅱ型疫苗等必须在液氮中（$-196℃$）贮藏。

（3）避光，防止潮湿。所有疫苗都应贮藏于冷暗、干燥处，避免光照直射和防止受潮。

3．分类存放

按疫苗的品种和有效期分类存放，并标以明显标志，以免混乱而造成差错。超过有效期的疫苗，必须及时清除并销毁。

4．建立疫苗管理台帐

详细记录出入疫苗品种、批准文号、生产批号、规格、生产厂家、有效日期、数量等。应根据说明书要求存放在相应的设备中。

5．疫苗贮藏的注意事项

（1）按规定的温度贮藏。

（2）在贮藏过程中，应保证疫苗的内、外包装完整无损。防止内、外包装破损，以致无法辨认其名称、有效期等。

（二）疫苗的运输

1．包装

运输疫苗时，要妥善包装，防止运输过程中发生损坏。

2．保温

（1）冻干活疫苗应冷藏运输。如果量小，可将疫苗装入保温瓶或保温箱内，再放入适量冰块进行包装运输；如果量大，应用冷藏运输车运输。

（2）灭活疫苗宜在 2～8℃的温度下运输。夏季运输要采取降温措施，冬季运输采取防冻措施，避免冻结。

（3）细胞结合型疫苗鸡马立克氏病血清Ⅰ、Ⅱ型疫苗必须用液氮罐冷冻运输。运输过程中，要随时检查温度，尽快运达目的地。

3．疫苗运输的注意事项

（1）应严格按照疫苗贮藏温度要求进行运输。

（2）尽快运输。

（3）所有运输过程中，必须避免日光曝晒。

第二节　免疫接种

一、免疫接种的类型

根据免疫接种的时机不同，可分为预防接种、紧急接种和临时接种。

（一）预防接种

预防接种指的是经常发生某类传染病的地区、或有某类传染病潜在的地区、或受到邻近地区某类传染病威胁的地区，为了预防这类传染病发生和流行，平时有组织、有计划地给健康动物进行的免疫接种。

（二）紧急接种

紧急接种指的是发生传染病时，为了迅速控制和扑灭传染病的流行，而对疫区和受威胁区尚未发病的动物进行的免疫接种。紧急接种应该先从安全地区开始，逐头（只）接种，以形成一个免疫隔离带，然后再到受胁区，最后再到疫区对假定健康动物进行接种。

（三）临时接种

临时接种指的是在引进或运出动物时，为了避免在运输途中或到达目的地后发生传染病而进行的预防免疫接种。临时接种应根据运输途中和目的地传染病流行情况进行免疫接种。

二、免疫接种方式

免疫接种应根据疫苗类型、疫病特点和免疫程序的不同选择不同的接种方法和免疫途径。常用的免疫接种方法和途径有注射、滴鼻、点眼、饮水、刺种、喷雾等。

1. 注射

注射可分为肌内注射和皮下注射。肌内注射是利用针头把疫苗直接注射到动物肌肉中，使其产生免疫。注射部位马、牛、羊、猪在臀部和颈部，家禽在胸肌部。皮下注射是利用针头把疫苗直接注射到动物的皮下，使其产生免疫。注射部位马、牛、羊在颈侧，猪在耳根后方，家禽在胸部或大腿内侧。

接种部位和针头要消毒，接种部位皮肤可用碘酊或 75% 的酒精消毒，待干后将针刺入，一只（头）动物一个针头，用过的针头及时消毒，不能随地丢弃。注射时针头应稍斜刺入肌肉中，不能垂直刺入。

2. 刺种

家禽常用此法。选择鸡翅内侧无血管处三角形皮肤，用刺种针蘸取菌疫苗刺入皮肤，因此，又叫皮肤刺种法。刺种法主要用于禽痘活疫苗的接种。将疫苗按 500 羽份加入 8 ～ 10 毫升稀释液，用禽痘专用刺种针或新钢笔尖蘸取疫苗，在翅膀内侧无血管处的翼膜刺种。30 日龄以内的雏禽每羽 1 针，30 日龄以上者每羽 2 针，刺种后 5 ～ 7 天，检查禽只刺种部位，若刺种部位出现红肿、水疱或结痂，说明接种成功，否则表明接种失败，应及时补种。

3. 滴鼻或点眼

此法适用于家禽。雏禽的免疫机能不健全，易受到某些病原体的侵害而致病，但不能大量用刺激性强的疫苗进行免疫接种，可采用点眼、滴鼻方法。

具体方法是，左手握住雏禽，用左手示指与中指夹住头部固定，平放拇指将禽只的眼睑打开，右手握住已吸有稀释好疫苗的滴管，将疫苗液滴入眼内、鼻孔各一滴，在滴鼻时应注意用中指堵住对侧的鼻孔，待眼内和鼻孔内疫苗吸入后方可松手，一般一滴的量为 0.03 ～ 0.05 毫升。

家禽的眼球后方有一个哈德尔腺，是禽的重要免疫器官，对于免疫机能不健全的雏禽实施点眼和滴鼻接种，可诱导雏禽产生较好的局部黏膜免疫，能建立起病毒入侵禽体的第一道免疫屏障，避免早期感染疫病；用这种方法可使每只禽接受同样剂量的疫苗，免疫水平较一致。

此法需人工捉禽，费时费力，对禽群产生较大的应激，在操作时尽量减少应激，禽群相对安静，也是提高免疫效果的因素之一。

4．饮水

此法适用于家禽。将可供口服的疫苗混入饮水中，通过饮水经口免疫。需要注意的是，饮水免疫前要停止饮水 4 ～ 6 小时，口服免疫前后 24 小时不得服用任何消毒药物。饮水接种法简单省力，应激小。

具体方法是将要接种的疫苗按说明要求稀释后一次投入饮水中让家禽饮用，在两小时以内饮完。夏天，为保证疫苗的质量和免疫效果，也可将疫苗分两次加入饮水中，中间间隔 1 小时或连续加入，每次饮水时间均不能超过两小时。家禽饮用稀释疫苗的水量因周龄不同而异。一般 1 ～ 2 周龄 8 ～ 10 毫升 / 只，3 ～ 4 周龄 15 ～ 20 毫升 / 只，5 ～ 6 周龄 20 ～ 30 毫升 / 只，7 ～ 8 周龄 30 ～ 40 毫升 / 只，9 ～ 10 周龄 40 ～ 50 毫升 / 只。成禽的饮水量以其在两小时内饮完为准。

饮水免疫的缺点

（1）只起到局部黏膜免疫的效果，抗体效价不高，免疫期限短。

（2）因个体差异或饲养密度等原因，使禽只饮水量不同，服用疫苗的量也不同，群体免疫抗体水平参差不齐，影响整群的免疫质量。

（3）稀释用水的质量对疫苗的免疫效果影响极大。

（4）饮水器不能用金属制品，金属离子对疫苗株有杀伤作用，也会降低免疫质量。

（5）气候对饮水免疫也有一定的影响，如禽只冬季喝水量少，夏季喝水较多，为了保证饮水免疫效果，要对禽只实行控水措施，夏季一般以饮苗前 2 小时停水为宜，冬季可提前 3～4 小时停水，这样尽量使禽只能够饮到足够的疫苗，以保证免疫效果。

在稀释疫苗时加入适量的脱脂奶粉或脱脂鲜乳，可使疫苗毒株免受不利因子的损害，提高免疫效果。如饮水免疫鸡法氏囊炎疫苗时就可在饮水中加入 2% 的脱脂奶粉。

5. 喷雾

包括喷雾免疫和气溶胶免疫两种方法。畜禽通过呼吸气雾吸入疫苗而达到免疫目的。此种方法主要适用于大群动物免疫。

喷雾免疫接种省时省力，免疫效果明显，但要求较高。

进口气雾喷雾免疫器喷头口径细，需用去离子水稀释疫苗，否则会造成喷头堵塞，国产气雾喷雾免疫器的雾滴较大，在空气中存在时间较短，动物不能通过呼吸得到足够的疫苗量，影响免疫效果。

气雾免疫对养殖场环境条件要求较高，要求无粉尘，室温 20℃，相对湿度 65%，若室温高室内干燥，雾滴易蒸发。

喷雾接种时要关闭养殖舍门窗，尽量减少空气流通，喷雾时在动物群上方 1 米左右平行喷雾，雾层缓缓慢降落时，动物在 1 米厚的雾区内，把疫苗吸入呼吸道而产生免疫抗体。

有呼吸道疾病的动物不宜采用气雾免疫法，会使病情加重。

气雾免疫法需用疫苗量大，应选择高效价疫苗。使用疫苗的量，家禽每 1000 羽份疫苗需用稀释液体积可参考：1 周龄的鸡群用 200～300 毫升，2～4 周龄的鸡群用 400～500 毫升，5～10 周龄的鸡群用 800～1000 毫升，10 周龄以上鸡群用 1500～2000 毫升。

三、免疫接种前的准备

1．准备疫苗、器械、药品等

（1）疫苗和稀释液按照免疫接种计划或免疫程序规定，准备所需要的疫苗和稀释液。

（2）器械。

1）接种器械有注射器、针头、镊子、刺种针、点眼（滴鼻）滴管、饮水器、玻璃棒、量筒、容量瓶、喷雾器等。

2）消毒器械有注射器、针头、剪毛剪、镊子、煮沸消毒器等。

3）保定动物器械。

4）带盖搪瓷盘、疫苗冷藏箱、冰壶、体温计、听诊器等。

（3）药品。

1）注射部位消毒。75% 酒精、5% 碘酊、脱脂棉等。

2）人员消毒。75% 酒精、2% 碘酊、来苏尔或新洁尔灭、肥皂等。

3）急救药品。0.1% 盐酸肾上腺素、地塞米松磷酸钠、盐酸异丙嗪、5% 葡萄糖注射液等。

（4）其他物品。毛巾、防护服、胶靴、工作帽、护目镜、口罩等。免疫接种登记表、免疫证、免疫耳标、脱脂棉、纱布、冰块等。

2．器械消毒

（1）冲洗。将注射器、点眼滴管、刺种针等接种用具先用清水冲洗干净。

1）玻璃注射器将注射器针管、针心分开，用纱布包好。

2）金属注射器应拧松活塞调节螺丝，放松活塞，用纱布包好；将针头用清水冲洗干净，成排插在多层纱布的夹层中；针头用清水冲洗干净，成排叉在多层纱布的夹层中。

3）镊子、剪子洗净，用纱布包好。

（2）灭菌。将洗净的器械高压灭菌 15 分钟；或煮沸消毒：放入煮沸消毒器内，加水淹没器械 2 厘米以上，煮沸 30 分钟，待冷却后放入灭菌器皿中备用。煮沸消毒的器械当日使用，超过保存期或打开后，需重新消毒后再用。金属注射器不宜用高压灭菌法消毒，因其中的橡皮及垫圈易于老化。

3．人员消毒和防护

（1）消毒免疫接种人员剪短手指甲，用肥皂、消毒液（来苏尔或新洁尔灭溶液等）洗手，再用 75% 酒精消毒手指。

（2）个人防护穿工作服、胶靴，戴橡胶手套、口罩、帽子、护目镜、毛巾等。

（3）注意事项。

1）不可使用对皮肤造成损害的消毒液洗手。

2）在进行气雾免疫和布病免疫时应戴护目镜。

4．检查待接种动物健康状况

为了保证免疫接种动物安全及接种效果，接种前应了解需接种动物的健康状况。①检查动物的精神、食欲、体温，不正常的不接种或暂缓接种。②检查动物是否发病、体质情况，发病、瘦弱动物不接种或暂缓接种。③检查是否存在幼小的、年老的、怀孕后期的动物，这些动物应不予接种或暂缓接种。④对上述动物进行登记，以便以后补种。

5．检查疫苗外观质量

检查疫苗外观质量，凡发现疫苗瓶破损、瓶盖或瓶塞密封不严或松动、无标签或标签不完整（包括疫苗名称、批准文号、生产批号、出厂日期、有效期、生产厂家等）、超过有效期、色泽改变、发生沉淀、破乳或超过规定量的分层、有异物、有霉变、有摇不散的凝块、有异味、无真空等，一律不得使用。

6．详细阅读使用说明书

详细阅读疫苗使用说明书，了解疫苗的用途、用法、用量和注意事项等。

7．预温疫苗

疫苗使用前，应从贮藏容器中取出疫苗，置于室温（15～25℃），平衡疫苗温度；鸡马立克病活疫苗应将从液氮罐中取出的疫苗，迅速放入27～35℃的温水中速溶（不能超过10秒）后稀释。

8．稀释疫苗

按疫苗使用说明书注明的头（只）份，用规定的稀释液，按规定的稀释倍数和稀释方法稀释疫苗。无特殊规定可用注射用水或生理盐水，有特殊规定的应用规定的专用稀释液稀释疫苗。

稀释时先除去稀释液和疫苗瓶封口的火漆或石蜡。用酒精棉球消毒瓶塞。用注射器抽取稀释液，注入疫苗瓶中，振荡，使其完全溶解。补充稀释液至规定量。如原疫苗瓶装不下，可另换一个已消毒的大瓶。

9．吸取疫苗

轻轻振摇，使疫苗混合均匀；排净注射器、针头内水分；用75%酒精棉球消毒疫苗瓶瓶塞；将注射器针头刺入疫苗瓶液面下，吸取疫苗。

疫苗稀释后应全部用完，若一次使用不完应按规定做相应的处理后废弃。

四、注射器的使用

注射器是一种用于将水剂或油乳剂等液体兽药（或疫苗）注入动物机体内的专用装置，可分为连续注射器、一次性无菌塑料注射器、金属注射器和玻璃注射器几类。

发病期进行的紧急免疫接种，需要每只动物使用一个针头，避免疫情通过针头传播。

1．连续注射器

（1）主要由支架、玻璃管、金属活塞及单向导流阀等组件组成。

（2）最大装量多为2毫升，特点是轻便、效率高，剂量一旦设定后可连续注射动物而保持剂量不变。

（3）适用于家禽、小动物的大群防疫。

（4）使用方法及注意事项：①调整所需剂量并用锁定螺栓锁定，注意所设定的剂量应该是金属活塞的刻度数。②药剂导管插入疫苗瓶内，同时疫苗瓶再插入一把进空气用的针头，使容器与外界相通，避免疫苗瓶产生负压，最后针头朝上连续推动活塞，排出注射器内空气直至药剂充满玻璃管，即可开始注射动物。③特别注意，注射过程要经常检查玻璃管内是否存在空气，有空气立即排空，否则影响注射量。

2．一次性无菌塑料注射器

单独包装、无菌，使用时检查包装是否完好和是否在有效期内。

3．金属注射器

主要由金属支架、玻璃管、橡皮活塞、剂量螺栓等组件组成，最大装量有10毫升、20毫升、30毫升、50毫升4种规格，特点是轻便、耐用、装量大，适用于猪、牛、羊等中大型动物注射。

4．玻璃注射器

玻璃注射器由针筒和活塞两部分组成。通常在针筒和活塞后端有数字号码，同一注射器针筒和活塞的号码相同。

五、要做好接种记录与观察

要及时认真做好预防接种的详细记录，包括接种日期、动物品种、年龄、数量、所用疫苗的名称、厂名、批号、生产日期及有效期、稀释剂及稀释倍数、接种方法、操作人员等。

注意观察畜群接种反应（包括正常及异常反应），如有不良反应或发病等情况，应根据具体情况采取适当措施。动物接种后产生应激反应，个别动物会出现轻度精神萎靡、食欲减退、体温稍高等情况，一般不需要治疗，若将其置于适宜的环境下1～2天，症状即可自行减轻或消失，最好不要用任何药物。

第三节　建议免疫程序

一、家禽常用免疫程序

肉鸡免疫程序（供参考）

日龄	病名	疫（菌）苗	免疫方法	备注
1	马立克病	HVT	颈背部皮下注射	PFU（蚀斑数）$\geqslant 4000$
7～10	新城疫 传染性支气管炎	LaSota 株 H_{120} 株	滴鼻点眼、饮水、气雾滴鼻	或油乳剂与 I 系或 n 系同时免疫或用新支二联苗
10～14	传染性法氏囊病禽流感－新城疫	NF8、B87、BJg 二联灭活苗	滴口、滴鼻点眼肌内注射	
17～21	新成疫 传染性支气管炎	LaSota 株 H_{120} 株	滴鼻点眼滴鼻、饮水	
24～28	传染性法氏囊病	NF8、B87、BJ836	滴口、滴鼻点眼	
30	鸡痘	禽痘弱毒苗	刺种	若鸡群慢性呼吸道病严重时，第 15 日龄用鸡毒支原体活苗点眼一次。有病毒性关节炎者可用该种疫苗

肉种鸡免疫程序

日龄	病名	疫（菌）苗	免疫方法	备注
1	马立克病	CVI-988	颈部皮下注射	出壳24小时内
3	新城疫、传染性支气管炎	IV系+H_{120}冻干苗	滴鼻点眼	
5～7	病毒性关节炎	冻干苗	皮下或肌内注射	
9～10	新城疫	IV系+H_{120}二联冻干苗	滴鼻点眼	
	传染性支气管炎	新支二联油苗	皮下注射	
15～18	鸡传染性法氏囊病	CH/80株冻干苗	滴口、饮水	
25	禽痘	禽痘冻干苗	刺种	
30～35	传染性喉气管炎	冻干苗	滴眼或涂肛	
	禽流感	油乳剂	肌内注射	
40～45	新城疫、支气管炎	新一支二联冻干苗	滴鼻点眼	
75～85	禽脑脊髓炎	冻干苗	饮水或刺种	
80～90	传染性喉气管炎、新城疫、传染性法氏囊病	冻干苗二联油苗	滴鼻点眼或涂肛 肌内注射	
130	禽流感	油乳剂灭活苗	皮下或肌内注射	
140～160	新城疫、传染性支气管炎、产蛋下降综合征、鸡痘、病毒性关节炎	新一支二联弱毒苗新一支一减油苗鸡痘弱毒苗病毒性关节炎油乳苗	滴鼻点眼肌内注射 刺种 肌内注射	
200～220	新城疫、禽流感	鸡新城疫－禽流感二联油苗	肌内注射	

蛋鸭综合免疫程序（供参考）

日龄	病名	疫（菌）苗	免疫方法
1～2	鸭病毒性肝炎	鸭病毒性肝炎活疫苗	颈部皮下注射
6	鸭传染性浆膜炎	鸭传染性浆膜炎灭活疫苗	肌内注射
15	鸭瘟.	鸭瘟活疫苗	肌内注射
21	禽流感	鸭疫禽流感灭活苗	肌内注射
45	鸭大肠杆菌	鸭大肠杆菌灭活苗	肌内注射
70	禽霍乱	禽霍乱灭活苗	肌内注射
120	鸭瘟	鸭瘟活疫苗	肌内注射
130	禽流感	鸭疫禽流感灭活苗	肌内注射

肉鸭综合免疫程序（供参考）

日龄	病名	疫（菌）苗	免疫方法
1～3	鸭病毒性肝炎	鸭病毒性肝炎活疫苗	滴口
6	鸭传染性浆膜炎、鸭大肠杆菌病	鸭传染性浆膜炎－鸭大肠杆菌病二联灭活苗	皮下注射
15	鸭瘟	鸭瘟活疫苗	肌内注射

鹅综合免疫程序

日龄	病名	疫苗名称	免疫方法	备注
1	小鹅瘟	抗小鹅瘟病毒抗体（血清、卵黄）	皮下注射或胸肌注射	
7	小鹅瘟	小鹅瘟弱毒活疫苗	皮下注射或胸肌注射	约7日龄以后产生抗体
14	鹅副黏病毒病	鹅副黏病毒病灭活苗	胸肌注射	
30	禽霍乱	禽霍乱灭活苗	胸肌注射	对非疫区可以推迟到60日龄注射
90	鹅副黏病毒病	鹅副黏病毒病灭活苗	胸肌注射	
160（或开产前4周）	小鹅瘟	小鹅瘟弱毒活疫苗	肌内注射	
170（或开产前3周）	鹅副黏病毒病	鹅副黏病毒病灭活苗	胸肌注射	
180（或开产前2周）	鹅蛋子瘟	鹅蛋子瘟灭活苗	胸肌注射	
190（或开产前1周）	禽霍乱	禽霍乱蜂胶灭活苗	胸肌注射	
280（或开产后90天）	小鹅瘟	种鹅用小鹅瘟疫苗	肌内注射	
290（或开产后100天）	鹅副黏病毒病	鹅副黏病毒病灭活苗	胸肌注射	
300（或开产后110天）	鹅蛋子瘟	鹅蛋子瘟灭活苗	胸肌注射	
310（或开产后120天）	禽霍乱	禽霍乱灭活苗	胸肌注射	

二、养猪常用免疫程序

商品猪免疫程序（供参考）

免疫时间	疫苗名称	备注
1日龄	猪瘟弱毒疫苗	在母猪带毒严重，垂直感染引发哺乳仔猪猪瘟的猪场实施
7日龄	猪喘气病灭活疫苗	根据本地疫病流行情况可选择进行免疫

续表

免疫时间	疫苗名称	备注
20 日龄	猪瘟弱毒疫苗	
21 日龄	猪喘气病灭活疫苗	根据本地疫病流行情况可选择进行免疫
23～25 日龄	猪蓝耳病弱毒活疫苗	根据本地疫病流行情况可选择进行免疫
	猪传染性胸膜肺炎灭活疫苗	
	链球菌 D 型灭活疫苗	
28～35 日龄	口蹄疫灭活疫苗	根据本地疫病流行情况可选择进行免疫
	猪丹毒疫苗、猪肺疫疫苗或猪丹毒 - 猪肺疫二联苗	
55 日龄	猪伪狂犬基因缺失弱毒疫苗	根据本地疫病流行情况可选择进行免疫
	传染性萎缩性鼻炎灭活疫苗	
60 日龄	口蹄疫灭活疫苗	
	猪瘟弱毒疫苗	
70 日龄	猪丹毒疫苗、猪肺疫疫苗或猪丹毒 - 猪肺疫二联苗	根据本地疫病流行情况可选择进行免疫

注：猪瘟弱毒疫苗建议使用脾淋疫苗

种母猪免疫程序

免疫时间	疫苗名称
每隔 4～6 个月	口蹄疫灭活疫苗
每隔 6 个月	猪瘟弱毒疫苗
	猪蓝耳病弱毒活疫苗
	猪伪狂犬基因缺失弱毒疫苗

种母猪免疫程序（供参考）

免疫时间	疫苗名称	备注
每隔 4～6 个月	口蹄疫灭活疫苗	
初产母猪配种前	猪瘟弱毒疫苗	
	猪蓝耳病弱毒活疫苗	
	猪细小病毒灭活疫苗	
	猪伪狂犬基因缺失弱毒疫苗	
经产母猪配种前	猪瘟弱毒疫苗	
	猪蓝耳病弱毒活疫苗	
产前 4～6 周	猪伪狂犬基因缺失弱毒疫苗	根据本地疫病流行情况可选择进行免疫
	大肠杆菌双价基因工程苗	
	猪传染性胃肠炎、流行性腹泻二联苗	

三、养牛常用免疫程序

牛主要传染病免疫程序（供参考）

接种时间或年龄	预防的疾病	疫苗类型
6 周龄	传染性鼻气管炎	弱毒疫苗或油佐剂灭活苗
	牛病毒性腹泻	弱毒苗或灭活苗
	牛呼吸道合孢体病毒感染	弱毒苗或灭活苗
	梭菌病	梭菌七联苗或类毒素
4～6 月龄	布鲁杆菌病	布鲁杆菌 5 号苗
6 月龄	传染性鼻气管炎	弱毒疫苗或油佐剂灭活苗
	牛病毒性腹泻	弱毒苗或灭活苗
	牛呼吸道合孢体病毒感染	弱毒苗或灭活苗
	梭菌病	梭菌七联苗或类毒素
	钩端螺旋体病	五联苗
育成牛或经产牛配种前	传染性鼻气管炎	弱毒疫苗或油佐剂灭活苗
	牛病毒性腹泻	弱毒苗或灭活苗
	牛呼吸道合孢体病毒感染	弱毒苗或灭活苗
	梭菌病	梭菌七联苗或类毒素
	钩端螺旋体病	五联苗
育成牛或经产牛产前 40～60 天	传染性鼻气管炎	灭活苗
	牛病毒性腹泻	弱毒苗或灭活苗
	牛呼吸道合孢体病毒感染	弱毒苗或灭活苗
	钩端螺旋体病	五联苗
	轮状病毒和冠状病毒	灭活苗
	大肠杆菌	大肠杆菌基因工程苗
	C 型、D 型产气荚膜梭菌	类毒素苗
育成牛或经产牛产前 3 周	轮状病毒和冠状病毒	灭活苗
	大肠杆菌	大肠杆菌基因工程苗
	类毒素苗	C 型、D 型产气荚膜梭菌

四、养牛常见疫苗及接种方法

养羊常用疫苗及接种方法（参考）

疫苗名称	预防疾病	使用方法与用量	产生免疫时间（天）	免疫期（年）	保存及有效期（年）	注意事项
羊快疫、羊猝狙、肠毒血症三联苗	羊快疫、羊猝狙、羊肠毒血症	无论大小羊只一律肌内或皮下注射5毫升		0.5		
羊厌氧菌五联苗	羊快疫、羊猝狙、羔羊痢疾、肠毒血症、羊黑疫	羊无论年龄大小，一律皮下或肌内注射5毫升	14	1	2～15℃冷暗干燥处保存，有效期1年半	使用前充分振摇均匀，冬季严防冻结。注射后部分羊只有轻度跛行，可自行恢复
羊黑疫菌苗	羊黑疫	皮下注射同，大羊3毫升，小羊1毫升		1		
羊黑疫、羊快疫混合苗	羊黑疫、羊快疫	无论羊只大小一律皮下或肌内注射3毫升		1		
羊链球菌弱毒冻干苗	绵羊链球菌病	成羊皮下注射1毫升，半岁至2岁的羊减半		1		疫苗现用现稀释，稀释后的疫苗，限于4小时内使用
羊链球菌氢氧化铝苗	山羊、绵羊链球菌病	无论羊只大小一律皮下注射3毫升，3月龄以下的羔羊第一次注射后14～21天再注射1次，剂量仍为3毫升	14～21	0.5	0～15℃冷暗处保存，有效期为1年	使用时，疫苗要充分振摇均匀，冻结过的疫苗效力减弱或失效，不能使用
羊大肠杆菌苗	羊大肠杆菌病	3个月以上的羊皮下注射2毫升，3个月以内的羔羊皮下注射0.5～1毫升	14	0.5		个别羔羊注射后可能出现1～2天的体温升高，食欲、精神较差及跛行反应，短时间内可自行恢复

疫苗名称	预防疾病	使用方法与用量	产生免疫时间（天）	免疫期（年）	保存及有效期（年）	注意事项
羔羊痢疾氢氧化铝苗	羔羊痢疾	专供怀孕母羊用，分娩前20～30天皮下注射2毫升，第二次于分娩前10～20天皮下注射3毫升	10	0.5	0～15℃冷暗处保存，有效期为1年	使用前充分摇匀，有少量较粗的颗粒也可使用，冰冻的疫苗不能使用。操作要谨慎，以免引起孕羊机械性流产
无毒炭疽芽孢苗	绵羊炭疽病	绵羊颈部或后腿皮下注射0.5毫升	14	1		
无毒炭疽孢苗（浓缩苗）		1份浓苗加9份20%氢氧化铝胶液稀释后皮下注射0.5毫升		1		
第Ⅱ号炭疽芽孢苗	绵羊、山羊炭疽病	绵羊、山羊均皮下注射1毫升		1		
布鲁杆菌2号苗	山羊、绵羊布鲁杆菌病	臀部肌内注射0.5毫升（含菌50亿），饮水免疫时按每只羊内服200亿菌体计算，于2天内分2次饮服	14～21	羊1.5山羊1	2～15℃保存，有效期2年	3月龄以内的羔羊和孕羊均不能注射
布鲁杆菌5号弱毒冻干菌苗	山羊、绵羊布鲁杆菌病	皮下或肌内注射，每只10亿活菌；室内气雾每只25亿活菌；室外气雾（露天避风处）每只50亿活菌，饮服或灌服每只250亿活菌	21	1	0～8℃保存，有效期1年	
布鲁杆菌无凝集原菌苗	绵羊、山羊布鲁杆菌病	无论大小（孕羊除外）每只均皮下注射1毫升（含菌250亿）或每只羊口服2毫升（含菌500亿）	14～21	1		

疫苗名称	预防疾病	使用方法与用量	产生免疫时间（天）	免疫期（年）	保存及有效期（年）	注意事项
破伤风明矾沉降类毒素	破伤风	绵羊、山羊颈部皮下注射 0.5 毫升		1年，第二年再注射 1次，免疫力可持续 4 年		
破伤风抗毒素	紧急预防和治疗破伤风	皮下或静脉注射，预防 1 万～2 万单位；治疗 2 万～5 万单位		2～3周		
C 型肉毒梭菌苗	羊肉毒梭菌中毒症	绵羊、山羊颈部皮下注射 4 毫升		1		
山羊传染性胸膜肺炎氢氧化铝苗	山羊传染性胸膜肺炎	山羊皮下或肌内注射，6 月龄山羊 5 毫升；6 月龄以内羔羊 3 毫升		1		
羊肺炎支原体氢氧化铝灭活苗	山羊、绵羊支原体性传染性胸膜肺炎	皮下注射，成羊 3 毫升，6 个月以内羊 2 毫升		1.5		
羊流产衣原体油佐剂卵黄囊灭活苗	羊衣原体性流产	羊怀孕前或怀孕后 1 个月内，每只羊皮下注射 3 毫升		暂定 1 年		
羊痘鸡胚化弱毒冻干苗	绵羊、山羊痘病	用生理盐水 25 倍稀释，摇匀，不论羊只大小，一律皮内注射 0.5 毫升	6	1	−20～−15℃保存，有效期 3 年	
羊口疮弱毒细胞冻干苗	绵羊、山羊口疮病	每只羊于口唇黏膜内注射 0.2 毫升		暂定 5 个月		按每瓶总头份计算，每头份加生理盐水 0.2 毫升，在阴暗处充分摇匀。注射处呈透明发亮的水泡为正确

续表

疫苗名称	预防疾病	使用方法与用量	产生免疫时间（天）	免疫期（年）	保存及有效期（年）	注意事项
狂犬病疫苗	狂犬病	每只羊皮下注射20～25毫升		暂定1年		如羊已被狂犬病羊咬伤，可立即用本苗注射1～2次，两次间隔3～5天，以作紧急预防
牛、羊伪狂犬病疫苗	羊伪狂犬病	山羊颈部皮下注射5毫升		暂定半年		本疫苗冻结后不能使用

五、养兔常用疫苗种类及使用方法

兔场常用的疫苗种类及使用方法（供参考）

疫苗名称	预防疾病	使用方法与用量	免疫期
兔瘟灭活苗	兔瘟	断乳后5～7天，皮下注射2毫升，5天左右产生免疫力；成年兔每只兔每年皮下注射2次，每次2毫升	6个月
波氏杆菌灭活苗	波氏杆菌病	母兔配种前注射，断乳前1周仔兔、青年兔或成年兔皮下或肌内注射1毫升，7天后产生免疫力。每只兔每年注射2次	6个月
沙门菌灭活苗	沙门菌病（下痢和流产）	怀孕初期的母兔及断奶前1周的仔兔、青年兔或成年兔，皮下或肌内注射1毫升，7天后产生免疫力。每只兔每年注射3次	4～6个月
呼吸道病二联苗（巴氏波氏二联苗）	巴氏杆菌病波氏杆菌病	怀孕初期及断奶前1周的仔兔、青年兔或成年兔，皮下或肌内注射1毫升，7天后产生免疫力。每只兔每年注射3次	4～6个月
瘟巴二联苗	兔瘟、巴氏杆菌病	断乳后5～7天的兔，皮下注射2毫升，7天后产生免疫力，每只兔每年注射3次，每次2毫升	4～6个月
兔瘟三联苗	兔瘟、巴氏杆菌病、魏氏梭菌性肠炎	断乳后5～7天的兔，皮下注射2毫升，7天后产生免疫力。每只兔每年注射3次	4～6个月

第四节　免疫反应的处置

一、观察免疫接种后动物的反应

免疫接种后，在免疫反应时间内，要观察免疫动物的饮食、精神状况等，并抽查检测体温，对有异常表现的动物应予以登记，严重时应及时救治。

（1）正常反应是指疫苗注射后出现的短时间精神不好或食欲稍减等症状，此类反应一般可不做任何处理，能自行消退。

（2）严重反应主要表现在反应程度较严重或反应动物超过正常反应的比例。常见的反应有震颤、流涎、流产、瘙痒、皮肤丘疹、注射部位出现肿块、糜烂等，最为严重的可引起免疫动物的急性死亡。

（3）合并症：个别动物发生的综合症状，反应比较严重，需要及时救治。

1）血清病抗原抗体复合物产生的一种超敏反应，多发生于一次大剂量注射动物血清制品后，注射部位出现红肿、体温升高、荨麻疹、关节痛等，需精心护理和注射肾上腺素等。

2）过敏性休克个别动物于注射疫苗后 30 分钟内出现不安、呼吸困难、四肢发冷、出汗、大小便失禁等，需立即救治。

3）全身感染指活疫苗接种后因机体防御机能较差或遭到破坏时发生的全身感染和诱发潜伏感染，或因免疫器具消毒不彻底致使注射部位或全身感染。

4）变态反应多为荨麻疹。

二、处理动物免疫接种后的不良反应

免疫接种后如产生严重不良反应，应采用抗休克、抗过敏、抗炎、抗感染、强心补液、镇静解痉等急救措施。

对局部出现的炎症反应，应采用抗炎、消肿、止痒等处理措施；对神经、肌肉、血管损伤的病例，应采用理疗、药疗和手术等处理方法。

对合并感染的病例用抗生素治疗。

某些动物免疫后会出现急性反应，主要表现为气喘，呼吸加快，眼结膜充血，全身震颤，皮肤发紫，口吐白沫，频频排粪，后肢不稳或倒地抽搐，如不及时抢救很可能死亡。救治方法：一般是尽快皮下注射 0.1% 盐酸肾上腺素，牛 5 毫升、猪和羊 1 毫升；肌内注射盐酸异丙嗪，牛 500 毫克、猪和羊 100 毫克；肌内注射地塞米松磷酸钠，牛 30 毫克、猪和羊 10 毫克，孕畜不用。甚至还有些动物免疫接种后可能出现最急性症状，与急性反应相似，只是出现时间更快，反应更重。急救方法：迅速肌内注射地塞米松磷酸钠，牛 30 毫克、猪和羊 10 毫克（孕畜不用）；肌内注射盐酸异丙嗪，牛 500 毫克、猪和羊 100 毫克；皮下注射 0.1% 盐酸肾上腺素，牛 5 毫升、猪和羊 1 毫升，20 分钟后根据情况缓解程度可同剂量再注射 1 次。对于休克的家畜，除上述急救措施外，还可迅速针刺耳尖、尾根、蹄头、大脉穴放少量血；迅速将去甲肾上腺素（牛 10 毫克、猪和羊 2 毫克）加入 10% 葡萄糖注射液（牛 1500 毫升、猪和羊 500 毫升），静脉滴注。家畜苏醒且脉律恢复后换成维生素 C（牛 5 克、猪和羊 1 克），维生素 B6（牛 3 克、猪和羊 0.5 克）加入 5% 葡萄糖注射液（牛 2000 毫升、猪和羊 500 毫升）静脉滴注，然后再用 5% 碳酸氢钠液（牛 500 毫升、猪和羊 100 毫升）静脉滴注即可。

三、不良免疫反应的预防

为减少、避免动物在免疫过程中出现不良反应，应注意以下事项：

（1）保持动物舍温度、湿度、光照适宜，通风良好；做好日常消毒工作。

（2）制定科学的免疫程序，选用适宜的毒力或毒株的疫苗。

（3）应严格按照疫苗的使用说明进行免疫接种，注射部位要准确，接种操作方法要规范，接种剂量要适当。

（4）免疫接种前对动物进行健康检查，掌握动物健康状况。凡发病的，精神、食欲、体温不正常的，体质瘦弱的、幼小的、年老的、怀孕后期的动物均应不予接种或暂缓接种。

（5）对疫苗的质量、保存条件、保存期均要认真检查，必要时先做小群动物接种实验，然后再大群免疫。

（6）免疫接种前，避免动物受到寒冷、转群、运输、脱水、突然换料、噪声、惊吓等应激反应。可在免疫前后 3 ～ 5 天在饮水中添加速溶多维，或维生素 C、维生素 E 等以降低应激反应。

（7）免疫前后给动物提供营养丰富、均衡的优质饲料，提高机体非特异免疫力。

第五节　疫情巡查与报告

一、疫情巡查

1. 疫情巡查方法

（1）询问：向畜主了解近期畜禽是否有异常，包括采食、饮水、发病等情况。

（2）查看：深入到畜禽饲养圈舍，查看畜禽精神状况，粪便、尿液颜色、形状是否异常，必要时可进行体温测量。

2. 疫情巡查要求

一是巡查。每周不少于一次，在疫病高发季节，应增加巡查频次。

二是做好巡查记录。

三是对河流、水沟、野生动物栖息地和出没地等也要进行巡查。

二、疫情报告

发现动物染疫或疑似染疫时，应当立即向乡（镇）动物防疫组织报告，若乡（镇）动物防疫组织没有及时做出反应，可直接向市、县兽医主管部门、动物防疫监督机构或动物疫病预防控制机构报告。在报告动物疫情的同时，对染疫或疑似染疫的动物应采取隔离措施，限制动物及其产品流动，防止疫情扩散。

报告形式：可采用电话、传真、电子邮件等形式报告。

报告内容：①疫情发生的时间、地点；②染疫、疑似染疫动物种类和数量、同群动物数量、免疫情况、死亡数量、临床症状、病理变化、诊断情况；③流行病学和疫源追踪情况；④已采取的控制措施；⑤疫情报告的单位、负责人、报告人及联系方式。

三、重大动物疫情报告程序和时限

发现可疑动物疫情时，必须立即向当地县（市）动物防疫监督机构报告。县（市）动物防疫监督机构接到报告后，应当立即赶赴现场诊断，必要时可请省级动物防疫监督机构派人协助进行诊断，认定为疑似重大动物疫情的，应当在 2 小时内将疫情逐级报至省级动物防疫监督机构，并同时报所在地人民政府兽医行政管理部门。省级动物防疫监督机构应当在接到报告后 1 小时内，向省级兽医行政管理部门和农业部报告。省级兽医行政管理部门应当在接到报告后的 1 小时内报省级人民政府。特别重大、重大动物疫情发生后，省级人民政府、农业部应当在 4 小时内向国务院报告。

四、重大动物疫情认定程序及疫情公布

县（市）动物防疫监督机构接到可疑动物疫情报告后，应当立即赶赴现场诊断，必要时可请省级动物防疫监督机构派人协助进行诊断，认定为疑似重大动物疫情的，应立即按要求采集病料样品送省级动物防疫监督机构实验室确诊，省级动物防疫监督机构不能确诊的，送国家参考实验室确诊。确诊结果应立即报农业部，并抄送省级兽医行政管理部门。

重大动物疫情由国务院兽医主管部门按照国家规定的程序，及时准确公布；其他任何单位和个人不得公布重大动物疫情。

第四章

禽畜疾病

第一节 概　述

一、寄生虫概念

寄生虫是暂时或永久地寄居于另一种生物（宿主）的体表或体内，夺取被寄居者（宿主）的营养物质并给被寄居者（宿主）造成不同程度危害的动物。

二、寄生虫病的危害

寄生虫侵入宿主或在宿主体内移行、寄生时，对宿主是一种"生物性刺激物"，是有害的，其影响也是多方面的，但由于各种寄生虫的生物学特性及其寄生部位等不同，因而对宿主的致病作用和危害程度也不同，主要表现在以下四个方面。

（一）机械性损害

吸血昆虫叮咬，或寄生虫侵入宿主机体之后，在移行过程中和在特定寄生部位的机械性刺激，使宿主的器官、组织受到不同程度的损害，如创伤、感染、出血、肿胀、堵塞、挤压、萎缩、穿孔和破裂等。

（二）夺取宿主营养和血液

寄生虫常以经口吃入或由体表吸收的方式，把宿主的营养物质变为虫体自身的营养，有的则直接吸取宿主的血液或淋巴液作为营养，造成宿主的营养不良、消瘦、贫血、抗病力和生产性能降低等。

（三）毒素的毒害作用

寄生虫在生长、发育和繁殖过程中产生的分泌物、代谢物、脱鞘液和死亡崩解产物等，可对宿主产生轻重程度不同的局部性或全身性毒性作用，尤其对神经系统和血液循环系统的毒害作用较为严重。

（四）引入其他病原体，传播疾病

寄生虫不仅本身对宿主有害，还可在侵害宿主时，将某些病原体如细菌、病毒和原虫等直接带入宿主体内，或为其他病原体的侵入创造条件，使宿主遭受感染而发病。

第二节　畜禽常见疾病及防治措施

一、猪常见寄生虫病及其防治

（一）猪疥螨病

猪疥螨病是一种由疥螨虫在猪皮肤上寄生，使皮肤发痒和感染为特征的体表寄生虫病。疥螨（穿孔疥虫）寄生在猪皮肤深层由虫体挖凿的隧道内。虫体很小，肉眼不易看见，大小为 0.2～0.5 毫米，呈淡黄色龟状，背面隆起，腹面扁平，腹面有 4 对短粗的圆锥形肢；虫体前端有一钝圆形口器。疥螨的口器为咀嚼型，在宿主表皮挖凿隧道，以皮肤组织和渗出的淋巴液为食，在隧道内发育和繁殖。疥螨全部发育过程都在宿主体内度过，包括卵、幼虫、若虫、成虫四个阶段，离开宿主体后，一般仅能存活 3 周左右。

1. 流行特点

各种年龄、品种的猪均可感染该病。主要是由于病猪与健康猪的直接接触，或通过被螨及其卵污染的圈舍、垫草和饲养管理用具间接接触等而引起感染。幼猪有挤压成堆躺卧的习惯，这是造成该病迅速传播的重要原因。此外，猪舍阴暗、潮湿、环境不卫生及营养不良等均可促进该病的发生和发展。秋冬季节，特别是阴雨天气，该病蔓延最快。

该病主要为直接接触传染，也有少数间接接触传染。直接接触传染，如患病母猪传染哺乳仔猪；病猪传染同圈健康猪；受污染的栏圈传染新转入的猪。猪舍阴暗潮湿，通风不良，卫生条件差，咬架殴斗及碰撞磨擦引起的皮肤损伤等都是诱发和传播该病的适宜条件。间接接触传染，如饲养人员的衣服和手，看守犬等。

2．临床症状

幼猪多发。病初从眼周、颊部和耳根开始，以后蔓延到背部、体侧和股内侧。主要临床表现为剧烈瘙痒，不安，消瘦，病猪到处摩擦或以肢蹄搔擦患部，甚至将患部擦破出血，以致患部脱毛、结痂，皮肤肥厚，形成皱褶和龟裂，发育不良。

猪疥螨病的临床表现可分为两种类型：皮肤过敏反应型和皮肤角化过渡型。

（1）皮肤过敏反应型。皮肤过敏反应型，最为常见，又最容易被忽视，主要容易感染主体常见于乳猪和保育猪；一年四季都可以发生，以春夏交季、秋冬交季较为增多，主要临床症状如下：

1）乳猪、保育猪多容易感染，作为疥螨感染的指征，瘙痒比发现螨虫更可靠。过度挠搔及擦痒使猪皮肤变红；组织液渗出，干涸后形成黑色痂皮。

2）乳猪、保育猪疥螨病感染初期，从头部、眼周、颊部和耳根开始，后蔓延到背部、后肢内侧。

3）猪感染螨虫后，螨虫在猪皮肤内打隧道并产卵、吸吮淋巴液、分泌毒素；3周后皮肤出现病变，常起自头部，特别是耳朵、眼、鼻周围出现小痂皮（黑色），随后蔓延至整个体表、尾部和四肢，出现红斑、丘疹、黑色痂皮，并引起迟发型和速发型过敏反应，造成强烈痒感。由于发痒，影响病猪的正常采食和休息，并使消化、吸收机能降低。

4）病猪常在墙壁、猪栏、圈槽等处摩擦病变部位，造成局部脱毛。寒冷季节因脱毛裸露皮肤，体温大量散发，体内蓄积脂肪被大量消耗，导致消瘦，有时继发感染严重时，引起死亡。

5）猪疥螨感染严重时，造成出血，结缔组织增生和皮肤增厚，造成猪皮肤的损坏，容易引起金色葡萄球菌综合感染，造成猪发生湿疹性渗出性皮炎，患部迅速向周围扩展到全身，并具有高度传染性，最终造成猪体质严重下降，衰竭而死亡。

（2）皮肤角化过渡型。皮肤角化过渡型的症状见于经产母猪、种猪和成年猪，出现皮肤过度角质化和结缔组织增生。病猪的食欲不振，营养不良，病程延长或因猪体的继发性感染而抵抗力降低时，可能引起死亡。

3. 防治措施

一旦确诊猪已经感染疥螨，可以选用以下的几种方法对已经发生疥螨的病猪进行治疗处理：

1）药浴或喷洒疗法。20% 杀灭菊酯（速灭杀丁）乳油，300 倍稀释，或2% 敌百虫稀释液或双甲脒稀释液，全身药浴或喷雾治疗。务必全身都喷到；连续喷 7～10 天。并用该药液喷洒圈舍地面、猪栏及附近地面、墙壁，以消灭散落的虫体。药浴或喷雾治疗后，再在猪耳廓内侧涂擦自配软膏（杀灭菊酯与凡士林，1:100 比例配制）。因为药物无杀灭虫卵作用，根据疥螨的生活史，在第 1 次用药后 7～10 天，用相同的方法进行第 2 次治疗，以消灭孵化出的螨虫。

2）皮下注射杀螨制剂。可以选用 1% 伊维菌素注射液，或 1% 多拉菌素注射液，每 10 千克体重 0.3 毫升皮下注射。驱螨虫在皮下注射杀螨剂的注意事项：

①妊娠母猪配种后 30～90 天，分娩前 20～25 天皮下注射 1 次，种公猪必须每年至少注射 2 次，或全场一年 2 次全面注射（种公、母猪春秋各 1 次）。

②后备母猪转入种猪舍或配种前 10～15 天注射 1 次。

③仔猪断奶后进入肥育舍前注射 1 次。

④生长肥育猪转栏前注射 1 次。

⑤外购的商品猪或种猪，当日注射 1 次。注射用药见效快、效果好，但操作有一定难度，有注射应激。

（二）弓形体病

病猪精神沉郁，食欲减退、废绝，尿黄便干，体温呈稽留热（40.5～42℃），呼吸困难，呈腹式呼吸，到后期病猪耳部、腹下、四肢可见发绀。

1. 流行特点

弓形体的感染在人和猪中很常见。人和猪通过摄入被弓形体卵囊污染的食物或饮水，或通过摄食含包囊或速殖子（滋养体）的其他动物组织而感染。猫（以及其他猫科动物）是唯一的终末宿主，在弓形体传播中起重要作用。

正常情况下，猪等动物抵抗力强，能限制弓形体增殖，使其处于慢殖子状态并形成包囊，此时猪表现为带虫状态，当应激及其他因素导致抵抗力下降时，慢殖子突破包囊并迅速增殖而引起发病。因此，猪群广泛带虫，气候骤变、阉割、断奶、转圈等应激因素是弓形体发病的主要因素。故某些猪场弓形体感染的阳性率虽然很高，但急性发病却很少。

2. 临床症状与病理变化

3～5月龄的仔猪最易感，且发病后病情严重。弓形体病主要引起神经、呼吸及消化系统的症状。潜伏期为3～7天，病初体温升高，可超过42℃，呈稽留热，一般维持3～7天。病猪精神迟钝，食欲废绝，便秘或腹泻，有时带有黏液和血液；呼吸急促，每分钟60～80次，咳嗽；视网膜、脉络膜感染甚至失明；皮肤有紫斑，体表淋巴结肿胀。怀孕母猪还可发生流产或死胎。耐过急性期后，病猪体温恢复正常，食欲逐渐恢复，但生长缓慢，成为僵猪，并长期带虫。

急性病例表现为全身淋巴结、肝脏、脾脏、肾脏等肿大，并有许多出血点和针尖大到米粒大灰白色坏死灶。肺间质水肿，并有出血点。

慢性病例主要表现各内脏器官的水肿，以及散在的坏死灶。主要见于老龄动物。

3. 防治措施

防止猪的饲料、饮水等被猫粪直接或间接污染；控制或消灭鼠类，以防止猪食入鼠类；不用生肉喂猫，猫粪应进行无害化处理等。

急性病例使用磺胺类药物有一定疗效，磺胺药与三甲氧苄氨嘧啶（TMP）或乙胺嘧啶合用有协同作用。亦可使用林可霉素。

（三）猪蛔虫病

猪蛔虫是寄生于猪小肠中最大的一种线虫。新鲜虫体为淡红色或淡黄色。虫体呈中间稍粗、两端较细的圆柱形。头端有 3 个唇片，一片背唇较大，两片腹唇较小，排列成品字形。体表具有厚的角质层。雄虫长 15～25 厘米，尾端向腹面弯曲，形似鱼钩。雌虫长 20～40 厘米，虫体较直，尾端稍钝。

1. 流行特点

猪蛔虫病的流行很广，一般在饲料管理较差的猪场，均有本病的发生；尤以 3～5 月龄的仔猪最易大量感染猪蛔虫，常严重影响仔猪的生长发育，甚至发生死亡。其主要原因是：第一，蛔虫生活史简单；第二，蛔虫繁殖力强，产卵数量多，每一条雌虫每天平均可产卵 10 万～20 万个；第三，虫卵对各种外界环境的抵抗力强，虫卵具有 4 层卵膜，可保护胚胎不受外界各种化学物质的侵蚀，保持内部湿度和阻止紫外线的照射，加之虫卵的发育在卵壳内进行，使幼虫受到卵壳的保护。因此，虫卵在外界环境中长期存活，大大增加了感染性幼虫在自然界的积累。据报道，猪蛔虫能在疏松湿润的耕地或园土中生存长达 3～5 年。虫卵还具有黏性，容易借助粪甲虫、鞋靴等传播。

2. 临床症状及病理变化

猪蛔虫幼虫和成虫阶段引起的症状和病变是各不相同的。

（1）幼虫移行至肝脏时，引起肝组织出血、变性和坏死，形成云雾状的蛔虫斑，直径约 1 厘米。移行至肺时，引起蛔虫性肺炎。临诊表现为咳嗽、呼吸增快、体温升高、食欲减退和精神沉郁。病猪伏卧在地，不愿走动。幼虫移行时还引起嗜酸性粒细胞增多，出现荨麻疹和某些神经症状类的反应。

（2）成虫寄生在小肠时机械性地刺激肠黏膜，引起腹痛。蛔虫数量多时常凝集成团，堵塞肠道，导致肠破裂。有时蛔虫可进入胆管，造成胆管堵塞，引起黄疸等症状。

（3）成虫能分泌毒素，作用于中枢神经和血管，引起一系列神经症状。成虫夺取宿主大量的营养，使仔猪发育不良，生长受阻，被毛粗乱，常是造成"僵猪"的一个重要原因，严重者可导致死亡。

3. 防治措施

可使用下列药物驱虫，均有很好的治疗效果。

（1）甲苯咪唑每千克体重 10 ～ 20 毫克，混在饲料中喂服。

（2）氟苯咪唑每千克体重 30 毫克，混在饲料中喂服。

（3）左咪唑每千克体重 10 毫克，混在饲料中喂服。

（4）噻嘧啶每千克体重 20 ～ 30 毫克，混在饲料中喂服。

（5）丙硫咪唑每千克体重 10 ～ 20 毫克，混在饲料中喂服。

（6）阿维菌素每千克体重 0.3 毫克，皮下注射或口服。

（7）伊维菌素每千克体重 0.3 毫克，皮下注射或口服。

（8）多拉菌素每千克体重 0.3 毫克，皮下或肌内注射。

（四）猪瘟

猪瘟又称"烂肠瘟"，是由猪瘟病毒引起的猪的一种急性、高度传染性和致死性疾病。

1. 流行特点

猪是本病唯一的自然宿主，不同品种、年龄和性别的猪和野猪都可被感染。病猪和带毒猪是最主要的传染源。感染猪在发病前即可通过口、鼻及眼分泌物、尿和粪等途径排毒，并延续整个病程。康复猪在出现特异抗体后停止排毒。

本病可通过易感猪与病猪的直接接触和间接接触方式进行传播。一般经消化道感染，也可经过呼吸道、眼结膜或通过损伤皮肤、阉割时的刀口感染。此外，弱毒株感染母猪可通过垂直传播感染体内胎儿。

近年来猪瘟流行发生了变化，出现非典型猪瘟、温和型猪瘟，从频发的大流行转为周期性、波浪式的地区散发性流行，流行速度缓慢，发病率和死亡率低，潜伏期长；临床症状和病理变化由典型转为非典型，并出现了亚临床感染、母猪繁殖障碍、妊娠母猪带毒综合征、胎盘感染、初生仔猪先天性震颤及先天性免疫耐受等。

2. 临床症状与病理变化

潜伏期一般为 5 ～ 7 天，短的 2 天，长的 21 天。据临床症状和特征，猪瘟可分为最急性、急性、慢性型和非典型猪瘟。

（1）最急性型。常见于流行的初期，主要表现为突然发病，体温升高至 41℃以上，皮肤和结膜发绀、出血，出现精神沉郁、厌食、全身痉挛、四肢抽搐，经一至数天发生死亡。死亡率为 90% ～ 100%。

（2）急性型。最为常见。病猪表现为精神沉郁、弓背、怕冷，食欲废绝或减退，体温在 41 ～ 42℃，持续不退，眼睛周围见黏性或脓性分泌物，先便秘、后腹泻，粪便灰黄色，偶带有血脓；全身皮肤出血、发绀非常明显。母猪流产，公猪包皮内积尿液。哺乳仔猪发生急性猪瘟时，主要表现为神经症状，如磨牙、痉挛、角弓反张或倒地抽搐，最终死亡。病程 14 ～ 20 天，死亡率在 50% ～ 60%。

（3）慢性型。常见于猪瘟常发地区或卫生防疫条件较差的猪场。主要表现为消瘦、贫血、全身衰弱、常伏卧，行走时缓慢无力，食欲不振，体温升高，一般在 40 ～ 41℃，便秘和腹泻交替。有的皮肤可见紫斑和坏死痂。妊娠母猪一般不表现症状，但可出现死胎、早产等。病猪日渐消瘦，最终衰竭死亡。病程在 1 个月以上，死亡率为 10% ～ 30%。

（4）非典型。非典型猪瘟多发生在 11 周龄以下，多呈散发，流行速度慢，症状不典型。病猪体温 41℃左右，多数腹下部发绀，有的四肢末端坏死，俗称"紫蹄病"；有的耳尖呈黑紫色，出现干耳、干尾现象，甚至耳壳脱落；有的病猪皮肤有出血点。患猪采食量下降，精神沉郁，发育缓慢，后期四肢瘫痪，部分病猪关节肿大。病程在 2 周以上，有的可经 3 个月才能逐渐康复。

（5）迟发型。迟发型猪瘟又称繁殖障碍型猪瘟，母猪感染低毒力猪瘟病毒，在妊娠后期可出现流产、死胎、木乃伊胎和畸形胎，弱仔可存活半年。先天感染的正常仔猪，可终生带毒、排毒。

病理变化：①最急性型多无特征性变化，仅见浆膜、黏膜和肾脏等处有少量点状出血，淋巴结肿胀、潮红或有出血病变。②急性型在皮肤、黏膜、浆膜和内脏器官有不同程度出血。全身淋巴结肿胀、水肿和出血，呈现红白或红黑相间的大理石样变化；肾组织被膜下（皮质表面）呈点状出血；膀胱黏膜、喉、会厌软骨、肠系膜、肠浆膜和皮肤呈点或斑状出血；脾脏的梗死是猪瘟最有诊断意义的病变。回盲瓣处淋巴组织扣状肿，若有继发感染，可见扣状溃疡；死胎出现明显的皮下水肿、腹水和胸腔积液。③迟发型先天感染的死胎全身水肿，头、肩、前肢如水牛，胸腔积液、腹水增多，头、四肢畸形。小脑发育不全，表皮出血。弱仔死亡后可见内脏器官和皮肤出血，淋巴结肿大。

3．防治措施

以免疫为主，采取"扑杀和免疫相结合"的综合性防治措施。

把好引种关，防止带毒猪进入猪场；通过严格检疫淘汰带毒猪，建立健康繁殖母猪群；制订科学和确实有效的免疫计划，认真执行免疫程序，定期监测免疫效果；实行科学的管理，建立良好的生态环境，切断疾病传播途径，这些是控制或消灭猪瘟的前提条件。

曾经出现免疫失败的猪场，尤其有迟发型猪瘟或温和型猪瘟存在的情况下，可选用猪瘟脾淋苗进行免疫，免疫效果较好。

在已发生猪瘟的猪群或地区，应迅速对猪群进行检查、隔离和扑杀，尸体严格销毁，严禁随处乱扔；对假定未感染猪群用猪瘟弱毒疫苗（如猪瘟脾淋组织苗）进行紧急接种，可使大部分猪得到保护，控制疫情，对疫区周围的猪群进行逐头免疫，形成安全带防止疫情蔓延，还应注意针头消毒，以防止人为传播。以后可根据需要执行定期检疫淘汰带毒猪的净化措施。

4. 疫情报告预处理

任何单位和个人发现患有本病或疑似本病的猪，都应当立即向当地动物防疫监督机构报告。

根据流行病学、临床症状、剖检病变，结合血清学检测做出的临床诊断结果可作为疫情处理的依据。

确诊为猪瘟后，严格按照农业部《猪瘟防治技术规范》要求进行疫情处理。

（五）猪乙型脑炎

猪乙型脑炎是由日本脑炎病毒引起的一种急性人畜共患传染病。

1. 流行特点

本病毒可感染猪、马、牛、羊等动物，其中马最易感。本病多呈散发，主要通过蚊的叮咬进行传播，有明显的季节性，80%的病例发生在7、8、9三个月；病原可以通过妊娠母猪的胎盘侵害胎儿。呈隐性感染者很多，但只在感染初期有传染性。

2. 临床症状与病理变化

猪只感染乙脑时，临诊上几乎没有脑炎症状，猪常突然发病，体温在40～41℃呈稽留热，精神萎顿，食欲减退或废绝；粪干呈球状，表面附着灰白色黏液；伴有不同程度的运动障碍；有的病猪视力出现障碍，最后麻痹死亡。

妊娠母猪突然发生流产，产死胎、木乃伊胎和弱胎，但母猪无明显异常表现，同胎也可见正常胎儿。

公猪常发生单侧或双侧睾丸肿大，患病睾丸阴囊皱襞消退，有的睾丸变小变硬，失去配种能力。

流产胎儿脑水肿，皮下血样浸润，肌肉似水煮样，腹水增多；木乃伊胎从拇指大小到正常大小；肝、脾有坏死灶；全身淋巴结出血；肺淤血、水肿。子宫黏膜血、出血、有黏液。胎盘水肿或出血。公猪睾丸实质充血、出血，有小坏死灶，睾丸硬化者，体积缩小，与阴囊粘连。

当母猪发生繁殖障碍时，须与布鲁杆菌病、蓝耳病、伪狂犬病、猪细小病毒等进行鉴别诊断。

3．防治措施

平时做好预防工作。分娩时的废物如死胎、胎盘及分泌物等应做好无害化处理；驱灭蚊虫，消灭越冬蚊虫；在流行地区，在蚊虫开始活动前 1～2 个月，对 4 月龄以上至 2 岁的种猪，应用乙型脑炎弱毒疫苗进行预防接种，第二年加强免疫一次，免疫期可达 3 年，有较好的预防效果。

本病无有效治疗方法，一旦确诊最好淘汰。

（六）猪传染性胃肠炎

猪传染性胃肠炎是由传染性胃肠炎病毒感染引起猪的一种急性、高度接触性消化道疾病。

1．流行特点

本病有季节性，我国多流行于冬春寒冷季节，夏季发病少，在产仔旺季发生较多。各种年龄的猪均可感染发病，以 10 日龄以下的哺乳仔猪发病率和死亡率最高，随年龄的增大死亡率逐渐下降，断奶猪、育肥猪和成年猪的症状较轻。

病猪和带毒猪是本病的主要传染来源。可通过呕吐物、粪便、鼻液和呼吸的气体等排出体内的病原体，污染饲料、饮水、空气及用具等通过消化道和呼吸道传染给易感猪群。

2. 临床症状与病理变化

本病潜伏期较短，一般为 15～18 小时，长的有 2～3 天。仔猪的典型症状是突然呕吐，接着出现急剧的水样腹泻，粪水呈黄色、淡绿或白色。病猪迅速脱水，体重下降，精神萎靡，被毛粗乱无光；进食减少或停止进食、战栗、口渴、消瘦，于 2～5 天内死亡，1 周龄以下的哺乳仔猪死亡率 50%～100%，随着日龄的增加，死亡率降低；病愈仔猪增重缓慢，生长发育受阻，甚至成为僵猪。

架子猪、育肥猪及成年母猪患病主要是食欲减退或消失，水样腹泻，粪水呈黄绿、淡灰或褐色，混有气泡；哺乳母猪泌乳减少或停止，3～7 天病情好转，随即恢复，极少发生死亡。

病猪尸体脱水明显。胃内充满凝乳块，胃底黏膜充血潮红，有时有出血点。小肠肠壁变薄，肠内充满黄绿色或白色液体，含有气泡和凝乳块；小肠肠系膜淋巴管内缺乏乳糜。空肠绒毛变短、萎缩及上皮细胞变性、坏死和脱落等。

根据流行病学、临床症状和病变进行综合判定可做出初步诊断。如进一步确诊，必须进行实验室诊断。

诊断本病时应与症状相似的仔猪黄痢、仔猪白痢、猪流行性腹泻和轮状病毒感染等相区别。

3. 防治措施

除了采取综合性生物安全措施外，可用猪传染性胃肠炎弱毒疫苗对母猪进行免疫接种。母猪分娩前 5 周口服 1 头份，分娩前 2 周口服 1 头份和注射 1 头份。两种接种方式结合可产生局部体液免疫和全身性细胞免疫，新生仔猪出生后通过初乳获得被动免疫，保护率在 95% 以上；对于未接种传染性胃肠炎弱毒疫苗受到本病威胁的仔猪，在出生后 1 ～ 2 天进行口服接种，经 4 ～ 5 天可产生免疫力。

对于本病尚无特效药物，发病后一般采取对症治疗措施。

用抗生素和磺胺类药物等防止继发细菌感染，同时补充体液，防止脱水和酸中毒。让仔猪自由饮服口服补液盐溶液；另外，还可以腹腔注射一定量的 5% 葡萄糖生理盐水加碳酸氢钠注射液，也可注射双黄连等。对重症病猪可用硫酸阿托品控制腹泻，对失水过多的重症猪可静脉注射葡萄糖注射液、生理盐水等。

二、牛羊常见疾病及防治

（一）口蹄疫

口蹄疫是由口蹄疫病毒引起的以偶蹄动物为主的急性、热性、高度传染性疫病。

1. 流行特点

偶蹄动物，牛科动物（牛、瘤牛、水牛、牦牛）、绵羊、山羊、猪及所有野生反刍动物均易感；驼科动物（骆驼、单峰骆驼、美洲驼、美洲骆马）易感性较低。

传染源主要为潜伏期感染及临床发病动物。感染动物呼出物、唾液、粪便、尿液、乳汁、精液及肉和副产品均可带毒，康复期动物也带毒。

易感动物可通过呼吸道、消化道、生殖道和伤口感染病毒，通常以直接或间接接触（飞沫等）方式传播，或通过人、犬、蝇、蜱、鸟等动物媒介，或经车辆、器具等被污染物传播。如果环境气候适宜，病毒可随风远距离传播。

2. 临床症状与病理变化

（1）牛潜伏期平均为 2 ～ 4 天，最长在 1 周左右。病牛精神沉郁，食欲减退，闭口，流涎，开口时有吸吮声，体温在 40 ～ 41℃。发病 1 ～ 2 天后，病牛齿龈、舌面、唇内面可见到蚕豆到核桃大的水疱，涎液增多并呈白色泡沫状挂于嘴边，采食及反刍停止。水疱约经一昼夜破裂，形成溃疡，这时体温会逐渐降至正常，糜烂逐渐愈合，全身症状逐渐好转。口腔发生水疱的同时或稍后，趾间及蹄冠的柔软皮肤上也发生水疱，并很快破溃，然后逐渐愈合。有时在乳头皮肤上也可见到水疱。

本病一般呈良性经过，经1周左右即可自愈；若蹄部有病变则可延至2～3周或更久；死亡率为1%～3%，该病型为良性口蹄疫。有些病牛在水疱愈合过程中，病情突然恶化，全身衰弱、肌肉震颤，心动过速、心律不齐，食欲废绝、反刍停止，行走摇摆、站立不稳，往往因心脏麻痹而突然死亡，这种病型为恶性口蹄疫，死亡率为20%～50%。犊牛发病时水疱症状不明显，主要表现为出血性胃肠炎和肌麻痹，死亡率很高。

（2）羊潜伏期为1周左右，感染率较牛低，症状不如牛明显。山羊症状多于口腔，呈弥漫性口黏膜炎，水疱见于硬腭和舌面，蹄部病变较轻。羔羊有时有血性肠胃炎，常因心肌炎而死亡。

病理变化：咽喉、气管、支气管和胃黏膜有时可见圆形烂斑和溃疡，真胃、肠膜可见出血性炎症。具诊断意义的是心包膜有弥散性及点状出血，心肌松软，心肌切面有灰白色或淡黄色斑点或条纹，如同虎皮状斑纹故俗称"虎斑心"。

3．防治措施

平时要积极预防、加强检疫，对疫区和受威胁区内的健康家畜紧急接种口蹄疫免血清。

国家对口蹄疫实行强制免疫，免疫密度必须达到100%。预防免疫，按农业部规定的免疫方案程序进行。

发生疫情时按《口蹄疫防治技术规范》有关条款进行处理。

建立完整免疫档案，包括免疫登记表、免疫证、免疫标识等。各级动物防疫监督构定期对免疫畜群进行免疫水平监测，根据群体抗体水平及时加强免疫。

对症治疗

（1）口腔病变可用清水、食盐水或 0.1% 的高锰酸钾液清洗，糜烂面涂以 1%～2% 的明矾溶液或碘甘油，也可涂撒中药冰硼散于口腔病变处。

（2）蹄部病变可先用 3% 来苏尔清洗，后涂擦龙胆紫溶液、碘甘油、红霉素软膏等，用绷带包扎。

（3）乳房病变可用肥皂水或 2%～3% 的硼酸水清洗，后涂以红霉素软膏。恶性口蹄疫病畜，除采用上述局部措施外，可用强心剂（如安钠咖）和滋补剂（如葡萄糖盐水）等。或用结晶樟脑口服，每天 2 次，每次 5～8 克。

4. 疫情报告与处理

发现家畜有上述临床异常情况的，应及时向当地动物防疫监督机构报告，并按照农业农村部《口蹄疫防治技术规范》要求进行疫情处理。

（二）疯牛病

疯牛病，又称牛海绵状脑病，是动物传染性海绵样脑病中的一种，一类传染病、寄生虫病。疯牛病为朊病毒引起的一种亚急性进行性神经系统疾病，通常脑细胞组织出现空泡，星形胶质细胞增生，脑内解剖发现淀粉样蛋白质纤维，并伴随全身症状，以潜伏期长、死亡率高、传染性强为特征。

1. 流行特点

易感宿主广泛，除了牛科动物外，家猫、虎、豹、狮等野生动物也易感，人也感染。传染源为患痒病的绵羊、牛海绵状脑病种牛及带毒牛。动物主要通过消化道食入污染的饲料而感染，目前还没有垂直传播的证据，朊病毒可在体液及排泄物、植物、水环境、土壤、粉尘和野生动物等长期存留并且传播，感染动物。一般与动物的性别、品种及遗传因素无关，但调查显示奶牛病例较高，黑白花奶牛最多。牛的发病年龄多为 3～11 岁，其中以 4～6 岁牛较多，2 岁龄以下和 10 岁龄以上很少发病，处于潜伏期的 2 岁龄左右的肉牛很可能进入食物链，引起公共卫生问题。

2.临床症状及病理变化

疯牛病可表现为神经症状和全身症状，神经症状常较全身症状出现更早。常见的神经症状有行为异常、共济失调和感觉过敏。行为异常主要表现为离群独处、焦虑不安、恐惧、狂暴或沉郁、神志恍惚、不自主运动（如磨牙、肌肉抽搐、震颤和痉挛等）、不愿通过水泥地面、拐弯、进入畜栏、过门或挤乳等。当有人靠近或追逼时病畜往往出现攻击行为，这也是其俗称疯牛病的一个重要原因。

疯牛病的共济失调主要表现为后肢运动失调，于急转弯时尤为明显。患牛快速行走时步态异常，同侧前后肢同时起步，而后发展为行走时后躯摇晃、步幅短缩、转弯困难、易摔倒，甚至起立困难或不能站立而终日卧地。感觉过敏常表现为对触摸、光和声音过度敏感，用手触摸或用钝器触压牛的颈部、肋部时，病牛会异常紧张、颤抖，用扫帚轻碰后肢，也会出现紧张的踢腿反应，病牛听到敲击金属器械的声音，会出现震惊和颤抖反应，病牛在黑暗环境中对突然打开的灯光，会出现惊恐和颤抖。这是疯牛病病牛很重要的临床诊断特征。50%的病牛在挤乳时乱踢乱蹭。在安静环境中，病牛感觉过敏症状明显减轻，其他神经症状也可有所缓解。

70%～73%的病牛出现的全身症状是体重下降和产奶量减少，绝大多数病牛后期出现心率缓慢（平均50次/分钟），呼吸频率增快，强直性痉挛，粪便坚硬，两耳对称，性活动困难。从最初出现症状到患牛死亡或急宰，病程可持续几周到12个月。病理解剖肉眼变化不明显，肝脏等实质器官多无异常。病理组织学变化主要局限于中枢神经系统，其特征主要有：脑干灰质两侧呈对称性病变、脑灰质呈空泡变性、神经元消失和胶质细胞肥大，神经纤维网有中等数量、不连续的卵形和球形空洞，神经细胞肿胀成气球状，细胞质变窄。另外，还有明显的神经细胞变性及坏死。神经细胞发生凋亡并形成空泡状结构，使有关信号传导发生紊乱，从而使动物表现出自主运动失调、恐惧、生物钟紊乱等神经症状。

3．防治措施

疯牛病在发生后没有特异的治疗性药物，也没有相应的疫苗可用。我国目前并没有发现有牛海绵状脑病的病牛，但随时有可能从国外传播进入，因此，需要加强对牛群的监控，尤其是从国外进口品种的监控。对本病防制所采取的主要措施是限制进口，要加强对进口牛及其肉制品以及精液等的检疫。尤其是要注意避免从发病国家进口这些产品。严厉打击各种动物及动物产品的走私。对反刍动物入境后加强管理，由于本病的潜伏期相对较长，需要有较长时间的隔离观察期。对这些动物的饲料也要严加管理。如发现有病牛，应当及时进行隔离和上报疫情。通常对病牛的脑组织进行检查，确诊后需要对病牛以及所有接触过病牛的牛只进行处理，对病牛的尸体要彻底焚烧和深埋。对于可疑病牛也要进行扑杀和销毁，严禁对病牛进行宰杀和出售，对疑似病牛的肉制品也要进行销毁，不能用于食品制造和动物饲料的制作。

（三）蓝舌病

蓝舌病是由蓝舌病病毒引起反刍动物的一种严重传染病。以口腔、鼻腔和胃肠道黏膜发生溃疡性炎症变化为特征。主要侵害绵羊。

1．流行特点

蓝舌病是一种比较少见的动物疾病，是由蓝舌病病毒引起的一种主发于绵羊的传染病，但其他反刍类牲畜也可能被感染。该病以发热、颊黏膜和胃肠道黏膜严重的卡他性炎症为特征，病羊乳房和蹄部也常出现病变，且常因蹄真皮层遭受侵害而发生跛行。主要通过昆虫库蠓叮咬传播，羊感染上后很容易死亡，但不会传染给人。人也不会因食用带有这种病毒的羊肉或羊奶而使健康受到威胁。蓝舌病病毒抵抗力较强，具有多个血清型，且各型之间交叉免疫性差，故只有制成多价疫苗，才能获得可靠的保护作用。

2．羊蓝舌病症状

绵羊蓝舌病的典型症状是以体温升高和白细胞显著减少开始。病畜体温升高达 40～42℃，稽留 2～6 天，有的长达 11 天。同时白细胞也明显降低。高温稽留后体温降至正常，白细胞也逐渐回升至正常生理范围。某些病羊痊愈后出现被毛脱落现象。潜伏期为 3～8 天。病初体温升高达 40.5～41.5℃，稽留 2～3 天。在体温升高后不久，表现厌食，精神沉郁，落群。上唇肿胀、水肿可延至面耳部，口流涎，口腔黏膜充血、呈青紫色，随即可显示唇、齿龈、颊、舌黏膜糜烂，致使吞咽困难。口腔黏膜受溃疡损伤，局部渗出血液，唾液呈红色。继发感染后可引起局部组织坏死，口腔恶臭。鼻流脓性分泌物，结痂后阻塞空气流通，可致呼吸困难和鼻鼾声。蹄冠和蹄叶感染，出现跛行、膝行、卧地不动。病羊消瘦、衰弱、便秘或腹泻，有时下痢带血。早期出现白细胞减少症。病程一般为 6～14 天，至 6～8 周后蹄部病变可恢复。发病率为 30%～40%，病死率为 2%～30%，高者达 90%。多并发肺炎和胃肠炎而死亡。怀孕 4～8 周的母羊，如用活疫苗或免疫感染，其分娩的羔羊中约有 20% 发育畸形，如脑积水、小脑发育不足、脑回过多等。

病羊精神萎顿、厌食、流涎，嘴唇水肿，并蔓延到面部、眼睑、耳，以及颈部和腋下。口腔黏膜、舌头充血、糜烂，严重的病例舌头发绀，发生溃疡、糜烂，致使吞咽困难（继发感染时则出现口臭）；呈现出蓝舌病特征症状。鼻分泌物初为浆液性后为黏脓性，常带血，结痂于鼻孔四周，引起呼吸困难，鼻黏膜和鼻腔糜烂出血。有的蹄冠和蹄叶感染，呈现跛行。孕畜可发生流产、胎儿脑积水或先天畸形。病程为 6～14 天，发病率为 30%～40%，病死率为 20%～30%。多因并发肺炎和胃肠炎引起死亡。

3．防治措施

目前尚无有效治疗方法。对病羊应加强营养，精心护理。对症治疗。口腔用清水、食醋或 0.1% 的高锰酸钾液冲洗；再用 1%～3% 硫酸铜、1%～2% 明矾或碘甘油，涂糜烂面；或用冰硼散外用治疗。蹄部患病时可先用 3% 来苏尔洗涤，再用木焦油凡士林（1：1）、碘甘油或土霉素软膏涂拭，以绷带包扎。

发生本病的地区，应扑杀病畜清除疫源，消灭昆虫媒介，必要时进行预防免疫。用于预防的疫苗有弱毒活疫苗和灭活疫苗等。蓝舌病病毒的多型性和在不同血清型之间无交互免疫性的特点，使免疫接种产生一定困难。首先，在免疫接种前应确定当地流行的病毒血清型，选用相应血清型的疫苗，才能收到满意的免疫效果；其次，在一个地区不只有一个血清型时，还应选用二价或多价疫苗。否则，只能用几种不同血清型的单价疫苗相继进行多次免疫接种。

无本病发生的地区、禁止从疫区引进易感动物。加强海关检疫和运输检疫，严禁从有该病的国家或地区引进牛羊或冻精。在邻近疫区地带，避免在媒介昆虫活跃的时间内放牧，加强防虫、杀虫措施，防止媒介昆虫对易感动物的侵袭，并避免畜群在低湿地区放牧和留宿。

一旦有本病传入时，应按《中华人民共和国动物防疫法》的规定，采取紧急、强制性的控制和扑灭措施，扑杀所有感染动物。疫区及受威胁区的动物进行紧急预防接种。

三、鸡鸭鹅常见疾病及防治

（一）禽流感

禽流感是由正黏病毒科流感病毒属 A 型流感病毒引起的以禽类感染为主的传染病。疾病的严重程度取决于病毒毒株的毒力、被感染的动物种类。流感病毒分为 A、B、C 三个血清型。所有的禽流感病毒均属于 A 型，能感染多种动物包括人。根据病毒对禽类致病力的不同，将禽流感病毒分为高致病性毒株、低致病性毒株和不致病毒株，历史上流行的高致病性禽流感病毒都是由 H5 和 H7 引起的。高致病性禽流感发病急剧、传播迅速、流行范围广，可引起禽类大批死亡，世界动物卫生组织将其列为必须报告的动物传染病，我国将其列为一类动物疫病。

1．流行特点

（1）传染源：主要传染源为病禽（野鸟）和带毒禽（野鸟）。

（2）传播途径：水平传播，主要是呼吸道和消化道途径；垂直传播，经种蛋传播。

（3）易感动物：多种家禽、野禽和鸟类易感。

（4）当前流行特点：高致病性禽流感得到有效控制，低致病性禽流感时有发生。

2．临床症状特征

（1）高致病性禽流感。

1）发病情况：急性发病死亡或不明原因死亡，潜伏期从几小时到数天，最长可达 21 天。

2）体温变化：体温升高达 43℃以上。

3）精神状态：精神高度沉郁，食欲废绝，羽毛松乱。

4）头部变化：鸡冠出血或发绀、头部和面部水肿。

5）脚鳞出血。

6）鸭、鹅等水禽症状可见神经和腹泻症状，有时可见角膜炎症，甚至失明。

7）产蛋突然下降。

（2）低致病性禽流感。

1）发病情况：潜伏期长，发病缓和，发病率和死亡率较低。

2）体温变化：高于正常体温。

3）精神状态：精神不振，缩颈呆立。

4）头部变化：鸡冠、肉髯发绀。

5）呼吸道变化：鼻腔内有黏液，呼吸困难。

6）腹泻排出含有未消化饲料的稀便。

7）产蛋下降，褪色蛋、畸形蛋增多。

3．防治措施

（1）做好免疫工作。按照高致病性禽流感免疫方案认真地做好高致病性禽流感的免疫工作，同时按程序做好低致病性禽流感的免疫。

（2）认真开展监测工作。加强养殖场、活禽交易市场和屠宰场的禽流感监测工作，及时掌握禽群的禽流感免疫状态和感染动态。

（3）严格执行防疫制度。养禽场坚持自繁自养和全进全出的饲养方式，在引进禽种及其产品时，一定要来自无禽流感的养禽场。严格执行和完善养禽场的生物安全措施，要制定和贯彻卫生防疫制度。定期对禽舍及周围环境进行消毒，定期消灭场内有害昆虫，做好禽类饲养管理，提高禽只的抗病力。

（4）加强饲养管理。首先必须做到避免家禽和野生鸟类的接触，尤其避免与水禽，如鸭、鹅、野鸭等接触，远离水禽嬉戏的河道湖泊，防止水源和饲料被野生禽粪便污染，杜绝其他非生产人员进入，尽量减少应激发生，注意秋冬、冬春之交季节气候的变化，做好保暖防寒工作。

（5）免疫。我国对高致病性禽流感实行强制免疫制度，免疫密度必须达到100%，抗体合格率要达到70%以上。每年农业部制定禽流感免疫方案，要求规模养禽场按规定的程序进行免疫，散养户采取春秋两季集中免疫的政策。当突发疫情时，按应急预案要求对相关易感动物采取紧急免疫。所用疫苗必须采用农业部批准使用的产品，并由动物防疫监督机构统一组织、逐级供应。所有易感禽类饲养者必须按国家制定的免疫程序做好免疫接种，当地动物防疫监督机构负责监督指导。定期对免疫禽群进行免疫水平监测，根据群体抗体水平及时加强免疫。

禽流感疫苗包括高致病性禽流感疫苗和非高致病性禽流感疫苗两种。

（1）高致病性禽流感疫苗包括重组禽流感病毒 H5 亚型二价灭活疫苗（H5N1，Re-6 株 +Re-4 株）、重组禽流感病毒灭活疫苗（H5N1，Re-6 株）、禽流感二价灭活苗（H5N1，Re-6 株 +H9N2，Re-6 株）和禽流感 - 新城疫重组二联活疫苗（rLH5-6 株）。水禽仍使用重组禽流感病毒灭活疫苗（H5N1，Re-6 株）进行免疫。

①重组禽流感病毒 H5 亚型二价灭活疫苗（H5N1，Re-6 株 +Re- 4 株）：

a. 免疫途径：胸部肌内或颈部皮下注射。

b. 用法与用量：2 ～ 5 周龄鸡，每只 0.3 毫升；5 周龄以上的鸡，每只 0.5 毫升。

c. 注意事项：屠宰前 28 天内禁止使用。

②重组禽流感病毒灭活疫苗（H5N1，Re-6 株）：

a. 免疫途径：胸部肌内或颈部皮下注射。

b. 用法与用量：2 ～ 5 周龄鸡，每只 0.3 毫升；5 周龄以上的鸡，每只 0.5 毫升；2 ～ 4 周龄鸭和鹅，每只 0.5 毫升；5 周龄以上的鸭，每只 1.0 毫升；5 周龄以上的鹅，每只 1.5 毫升。

c. 注意事项：屠宰前 28 日内禁止使用。

③禽流感 - 新城疫重组二联活疫苗（rLH5 - 6 株）：

a. 免疫途径：点眼、滴鼻、肌内注射或饮水免疫。

b. 用法与用量：首免建议点眼、滴鼻或肌内注射。每只点眼、滴鼻接种 0.05 毫升（含 1 羽份）或腿部肌内注射 0.2 毫升（含 1 羽份）。二免后加强免疫，如采用饮水免疫途径免疫，剂量应加倍。推荐的免疫程序为：母源抗体降至 1：16 以下或 2 ～ 3 周龄时首免（肉雏鸡可提前至 10 ～ 14 天），首免 3 周后加强免疫。以后每隔 8 ～ 10 周或新城疫 HI 抗体滴度降至 1 ： 16 以下，肌内注射、点眼或饮水加强免疫一次。

c. 注意事项：本疫苗接种前及接种后 2 周内，应绝对避免其他任何形式新城疫疫苗的使用；与鸡传染性法氏囊病、传染性支气管炎等其他活疫苗的使用应间隔 5 ～ 7 天，以免影响免疫效果。

（2）非高致病性禽流感疫苗均为灭活疫苗，包括单苗和联苗两种。单苗主要包括禽流感灭活疫苗（H9 亚型，F 株）和（H9 亚型，SD696 株）；联苗主要包括新城疫、禽流感病毒二联灭活疫苗，新城疫、传染性支气管炎、禽流感病毒三联灭活疫苗和新城疫、传染性支气管炎、减蛋综合征、禽流感四联灭活疫苗等。

①禽流感灭活疫苗（H9 亚型，F 株）：F 株于 1998 年分离自上海。

a. 免疫途径：颈部皮下或肌内注射。

b. 用法与用量：14 日龄以内雏鸡，每只 0.2 毫升；14 ～ 60 日龄鸡，每只 0.3 毫升；60 日龄以上的鸡，每只 0.5 毫升；母鸡开产前 14 ～ 21 日，每只 0.5 毫升，可保护整个产蛋期。

注意事项：用于肉鸡时，屠宰前 21 日禁止使用；用于其他鸡时，屠宰前 42 日内禁止使用。

②禽流感灭活疫苗（H9 亚型，SD696 株）：

a. 免疫途径：颈部皮下或肌内注射。

b. 用法与用量：2 ～ 5 周龄鸡每只 0.3 毫升；5 周龄以上鸡每只 0.5 毫升。

c. 注意事项：同前。

③鸡新城疫、禽流感病毒二联灭活疫苗（USota 株 +H9 亚型，HL 株）：

a. 免疫途径：肌内或皮下注射。

b. 用法与用量：2 ～ 4 周龄鸡，每只 0.3 毫升；成鸡每只 0.5 毫升。

④鸡新城疫（USota 株）、传染性支气管炎（M41 株）、禽流感病毒（H9 亚型，HL 株）三联灭活疫苗：

a. 免疫途径：肌内或皮下注射。

b. 用法与用量：2 ～ 5 周龄鸡，每只 0.3 毫升；5 周龄以上的鸡，每只 0.5 毫升。

⑤鸡新城疫（LaSota 株）、传染性支气管炎（M41 株）、减蛋综合征（AV127 株）、禽流感（H9 亚型，HL 株）四联灭活疫苗：

a. 免疫途径：肌内或皮下注射。

b. 用法与用量：开产前 2 ～ 4 周的蛋鸡及种鸡，每只 0.5 毫升。

4．疫情处置

（1）疫情报告。任何单位和个人发现高致病性禽流感疑似疫情，及时向当地动物防疫监督机构报告。动物防疫监督机构及时开展诊断工作，同时按程序上报。

（2）疫情处置。对确诊的高致病性禽流感疫情或疑似疫情按《高致病性禽流感防治技术规范》及时处置。

疫情监测按照国家和地方制定的高致病性禽流感监测方案认真开展常规监测和紧急监测工作。

（二）鸡产蛋下降综合征

鸡产蛋下降综合征（EDS-76）是由禽腺病毒引起的以鸡产蛋下降为特征的一种传染病。

1．流行特点

各种年龄的鸡均可感染，但幼龄鸡不表现临床症状；25～35周龄的产蛋鸡最易感，可使鸡群产蛋率下降10%～50%，蛋破损率达38%～40%，无壳蛋、软壳蛋达15%。本病主要经种蛋垂直传播，也可水平传播，产褐壳蛋母鸡易感性高。

2．临床症状与病理变化

（1）典型表现：26～32周龄产蛋鸡群突然产蛋下降，产蛋率比正常下降20%～30%，甚至达50%。病初蛋壳颜色变浅，随之产畸形蛋，蛋壳粗糙变薄，易破损，软壳蛋和无壳蛋增多，在15%以上，病程一般为4～10周，无明显的其他临床症状。

（2）非典型表现：经过免疫接种但免疫效果差的鸡群发病症状会有明显差异，主要表现为产蛋期可能推迟，产蛋率上升速度较慢，高峰期不明显，蛋壳质量较差。

病鸡卵巢萎缩变小，输卵管黏膜轻度水肿、出血，子宫部分水肿、出血，严重时形成小水疱。

3. 防治措施

对本病目前尚无有效的治疗方法，应以预防为主，严格兽医卫生措施，杜绝鸡产蛋下降综合征病毒传入，本病主要是通过种蛋垂直传播，所以引种要从非疫区引进，引进种鸡要严格隔离饲养，产蛋后经血凝抑制试验鉴定，确认抗体阴性者，才能留作种用。

加强免疫接种，110～130 日龄免疫接种鸡产蛋下降综合征油佐剂灭活疫苗，免疫后 2～5 周抗体可达高峰，免疫期持续 10～12 个月，生产中，以鸡新城疫 - 鸡产蛋下降综合征二联油佐剂灭活疫苗于开产前 2～4 周给鸡皮下或肌内注射，对鸡新城疫、鸡产蛋下降综合征均有良好防治效果。

用中药清瘟败毒散拌料，用双黄连制剂、黄芪多糖饮水；同时添加维生素 AD_3 和抗生素效果更好。

（三）鸡球虫病

多发生于 14～40 日龄雏鸡。鸡感染球虫卵囊后，病初精神不佳，羽毛耸立，头卷缩，常在雏鸡笼中站立一侧，泄殖腔周围的羽毛被液状排泄物污染。严重时出现共济失调，渴欲增加，食欲废绝，嗉囊内充满液体，鸡冠和可视黏膜苍白、贫血，粪便表面有鲜血覆盖。雏鸡死亡率较高，如不及时治疗，雏鸡死亡率最高可达 40% 以上，育成鸡和产蛋鸡发病后死亡率较低，但产蛋鸡产蛋量下降。

主要防治措施：球痢灵。每 100 克兑水 200 升，连用 3 天。可用复方新霉素控制继发感染，每 100 克兑水 200 升，连用 3 天。

（四）鸡虱

虱在采食过程中，同时刺激鸡的神经末梢，从而影响其休息和睡眠，导致体重减轻和营养不良，产蛋量下降。本病对成鸡很少造成死亡，但雏鸡发生后，严重者可引起死亡。

主要防治措施：伊维菌素拌料，按 0.3 毫克 / 千克体重，一天内集中拌料饲喂 1 次。7 天后重复饲喂 1 次。也可以用 5% 溴氰菊酯乳剂。1 毫升兑 1 升水，鸡舍和鸡体表喷淋。

（五）鸭瘟

鸭瘟又称病毒性肝炎，是由鸭瘟病毒引起的鸭、鹅等雁形目动物共患的一种急性烈性败血性传染病。

1. 流行特点

在自然条件下，本病主要发生于鸭，对不同年龄、性别和品种的鸭都有易感性。以番鸭、麻鸭易感性较高，北京鸭次之，自然感染潜伏期通常为 2 ~ 4 天，30 日龄以内雏鸭较少发病。鸭瘟可通过病禽与易感禽的接触而直接传染，也可通过与污染环境的接触而间接传染。被污染的水源、鸭舍、用具、饲料、饮水是本病的主要传染媒介。

本病一年四季均可发生，但以春、秋季较为流行。当鸭瘟传入易感鸭群后，一般 3 ~ 7 天开始出现零星病鸭，再经 3 ~ 5 天陆续出现大批病鸭，疾病进入流行发展期和流行盛期。鸭群整个流行过程一般为 2 ~ 6 周，如果鸭群中有免疫鸭或耐过鸭时，可延至 2 ~ 3 个月或更长。

2. 临床症状与病理变化

病初体温升高到 43℃以上，呈稽留热，病鸭精神萎靡、头颈缩起、食欲减退或废绝、饮水量增加、羽毛松乱、两翅下垂、两脚麻痹无力、走动困难，重者卧地不起，强行驱赶时，可见两翅扑地而走，走几步后又蹲伏于地上；病鸭不愿下水，如强迫赶下水，漂浮水面并挣扎上岸。

病鸭特征性症状是头颈部肿胀，部分病鸭头颈部肿大，故称"大头瘟"，病鸭流鼻液，流黄绿色口水，呼吸困难，呼吸时发出鼻塞音，叫声嘶哑，个别病鸭频频咳嗽，常伴有湿性啰音。

病鸭流泪和眼睑水肿，眼半闭，初期流出浆液性分泌物，后期变成黏液或脓性分泌物；眼周围羽毛沾湿，后期上下眼睑因分泌物粘连不能睁开；严重者眼睑外翻、眼结膜充血或小点状出血，甚至出现溃疡。

病鸭严重下痢，排出绿色或灰白色稀便，泄殖腔黏膜水肿、充血，严重时出现外翻，用手翻开肛门时，可见泄殖腔有黄绿色角质化的假膜，坚硬不易剥离。

病鸭典型病变为全身性败血症，全身浆膜、黏膜和内脏器官有不同程度的出血斑点或坏死灶。肝脏及消化道黏膜出血和坏死更为典型。

肝脏肿大、边缘略呈钝圆，实质变脆，容易破裂，肝表面有大小不一、边缘不齐、灰白色坏死灶，个别病例坏死灶中央有红色出血点、出血环，有些病例坏死灶呈淡红色，即坏死灶"红染"，该病变为特征性病变，目前未发现其他疾病有此典型病变。

食管黏膜表面有草绿色或无色透明的黏液附着，或覆盖灰黄色或草绿色的假膜状物质，假膜状物质形成斑状结痂或融成一大片，某些病例该结痂呈圆形隆起，大小从针头大至黄豆大，外形较整齐，周围有紫红色出血点；食管黏膜呈纵向出血或散在的出血点或有浅溃疡面。幼鸭病例多见食管整片黏膜脱落，食管黏膜有薄层黄白色膜覆盖，食管膨大部有少量黄褐色液体，食管与腺胃交界处有一条灰黄色坏死带或出血带。

肠管黏膜发生急性卡他性炎症，以十二指肠、盲肠和直肠最严重，肠黏膜的集合淋巴滤泡肿大坏死，纽扣状溃疡在空肠前后段出现深红色环状出血带，在肠管外明显可见。泄殖腔黏膜表面有一层绿色或褐色块状隆起硬性坏死痂，不易刮落，用刀刮之，发出沙沙的声音，或有出血斑点和不规则的溃疡。

舌根、咽部和上颌部黏膜表面常有淡黄色假膜覆盖，刮落假膜露出鲜红色和外形不规则的浅溃疡面。

肿胀皮肤下有淡黄色透明液体，全身肌肉柔软松弛，常呈深红色或紫红色，大腿肌肉质地更为松软。

喉头及气管黏膜充血、出血。心冠脂肪、心脏内外膜以及心肌有出血点。肠胃角质层下充血或出血。法氏囊黏膜充血，有针尖样黄色小斑点病灶，疾病后期，囊壁变薄，颜色变深，囊腔充满白色凝固性渗出物。胆囊扩张，充满浓稠的墨绿色胆汁。

产蛋母鸭卵泡发生充血、出血、变性和变色，部分卵泡破裂，卵黄散布腹腔引发卵黄性腹膜炎；某些卵泡皱缩，或呈暗红色，质地坚实，剪开流出血红色浓稠的卵黄物质或完全凝固的血块；输卵管黏膜充血、出血。

3．防治措施

目前还没有针对鸭瘟的特效治疗药物。

坚持自繁自养，严格消毒，不从疫区引种，禁止到疫区放牧；加强饲养管理，搞好环境卫生，提高鸭群抵抗力，孵化室定期消毒，常用消毒药有 1% 复合酚、 0.1% 强力消毒剂等；种苗、种蛋及种禽均应来自安全地区。

加强免疫，病愈和人工免疫的鸭均可获得较强免疫力，雏鸭 20 日龄首次免疫，2 月龄后加强免疫 1 次，3 月龄以上鸭免疫 1 次，免疫期可达 1 年。

紧急控制，一旦发生鸭瘟时，立即采取隔离和消毒措施；受威胁区内，所有鸭和鹅均应注射鸭瘟弱毒疫苗进行紧急免疫接种，禁止病鸭外调和出售，防止病毒扩散；淘汰鸭集中加工，经高温处理后利用，病鸭、死鸭应进行无害化处理。

鸭瘟与鸭霍乱、鸭流感鉴别表

病名	鸭瘟	鸭霍乱	鸭流感
易感动物	成年鸭、鹅	鸡、鸭、鹅、火鸡、鸽	鸡、鸭、鹅、鹌鹑、鸥鸽
流行性	流行过程达 0.5～1 个月，死亡率 90% 以上	病程短，数小时至 2 天死亡，雏鸡呈流行性发病，死亡率 80% 以上，成鸭多为散发性、间歇性流行	病程短，30 日龄以下鸭易感性强，死亡快
临床症状	流泪，眼睑肿胀，不能站立，下痢，头颈部肿大，俗称"大头瘟"	精神萎靡，食欲废绝，呼吸困难，口腔和鼻孔流出带泡沫黏液或血水，频频摇头，很快死亡，俗称"摇头瘟"	曲颈、歪头，个别病鸭头向后背，左右摇摆或频频点头，后期角膜混浊呈灰白色

续表

病名	鸭瘟	鸭霍乱	鸭流感
肝脏症状	肿大，有坏死，形成坏死点红染	表面散布着灰白色针头大较规则的坏死点	肝脏症状不明显
其他病理变化	食道和泄殖腔有黄褐色假膜覆盖，腺胃黏膜出血或坏死，肠道形成环状出血和岛屿状坏死	食道泄殖腔病变不明显，胸膜腔的浆膜、尤其心冠沟和心外膜有大量出血点，脾脏呈樱桃红色，肺脏呈弥漫性充血、出血和水肿，肠道黏膜水肿出血	脂肪广泛性出血（腹脂、冠脂等），胰脏出血坏死，输卵管内有脓性分泌物
抗生素、磺胺类药物治疗	无效	疗效很好	无效

（六）小鹅瘟

小鹅瘟是由鹅细小病毒引起的小鹅和雏番鸭的一种急性、亚急性、高度接触性传染病。

1．流行特点

该病主要侵害雏鹅，传播快，死亡率高，成年鹅无症状，给养鹅业造成严重经济损失。

2．临床症状

该病主要感染 4～20 日龄雏鹅，1 月龄以上极少发病。

（1）最急性型：1 周龄以内雏鹅常呈最急性型发病，患鹅常见不到任何明显症状而突然发病死亡。

（2）急性型：15 日龄左右的小鹅常呈急性型，症状最典型。

病鹅精神沉郁，缩颈闭目，羽毛松乱，行走困难，离群独处，呆立或蹲伏。呼吸困难，流鼻涕、摇头、鼻孔污秽，呼吸急促、张口呼吸，喙端、蹼尖发绀。患病雏鹅初期食欲减退，虽然随群采食但不吞咽，随即甩掉，或采食时在外围乱转，后期食欲废绝，饮欲增加。

严重下痢，排出乳白色或黄绿色，并混有气泡和未消化饲料的稀便，污染周围羽毛，泄殖腔扩张，挤压有乳白色或黄绿色稀便。1 周内的病鹅临死前有头颈扭转、抽搐等神经症状。

（3）亚急性型：20 日龄以上小鹅常呈亚急性型发病，症状较轻，患鹅精神萎靡，消瘦，行动迟缓，站立不稳，喜蹲卧，食欲减退或消失；腹泻，稀便有气泡和灰白色絮片；部分患鹅可以自愈，但在一段时间内，生长发育受阻。

本病特征病变是急性卡他性、纤维素性坏死性肠炎，肠管扩张，肠壁菲薄，呈淡红色或苍白色，不形成溃疡，小肠中后段肠管增大 2 ～ 3 倍，肠道内形成灰白色或淡黄色凝固状 2 ～ 5 厘米的腊肠状"肠芯"，用剪刀将"肠芯"剪开，中心为深褐色干燥的肠内容物。病鹅肝脏肿大、淤血。

3．防治措施

做好孵化室和鹅舍的清洁消毒工作。

加强免疫接种，种鹅在产蛋前 15 天，用 1∶100 稀释的小鹅瘟鸭胚化 GD 弱毒疫苗或鹅胚化弱毒疫苗 1 毫升进行皮下或肌内注射（若用冻干苗，则按瓶签头份），免疫 15 天后所产种蛋孵出的雏鹅可获得天然被动免疫力，免疫期可持续 4 个月，4 个月后再进行免疫。未经免疫或免疫后 4 个月以上的种鹅群所产种蛋，雏鹅出壳后 24 小时内，用鸭胚化 GD 弱毒疫苗作 1∶（50 ～ 100）稀释进行免疫，每只雏鹅皮下注射 0.1 毫升，免疫后 7 天内，严格隔离饲养，严防感染强毒。

对已感染小鹅瘟病毒的雏鹅群，早期部分患鹅出现症状或有少数死亡病例时，用抗小鹅瘟血清每只雏鹅皮下注射 1.0 ～ 1.5 毫升。在抗血清中加入干扰素，效果更好，同时，在饲料中加入抗病毒中药，连用 3 ～ 5 天，效果也很好。

小鹅瘟精制蛋黄抗体也有一定的预防和治疗效果，皮下注射或肌内注射，紧急预防量为 1 日龄雏鹅每只 0.5 毫升；2 ～ 5 日龄雏鹅每只 0.5 ～ 0.8 毫升。治疗用量为感染发病的雏鹅每只 1.0 ～ 1.5 毫升。

饲料中添加抗生素防止继发细菌感染。

第三节　动物寄生虫病防治的注意事项

动物寄生虫病防治的注意事项如下：

（1）注意药物的选择，要选择高效、低毒、广谱、价廉、使用方便的药物。

（2）注意驱虫时间的确定，一般应在"虫体性成熟前驱虫"，防止性成熟的成虫排出虫卵或幼虫，污染外界环境。或采取"秋冬季驱虫"，此时驱虫有利于保护畜禽安全过冬；秋冬季外界寒冷，不利于大多数虫卵或幼虫存活发育，可以减少对环境的污染。

（3）在有隔离条件的场所进行驱虫。

（4）在驱虫后应及时收集排出的虫体和粪便，用"生物热发酵法"进行无害化处理，防止散播病原。

（5）在组织大规模驱虫、杀虫工作前，先选小群动物做药效及药物安全性试验，在取得经验之后，再全面开展。

（6）屠宰前三周内不得使用药物进行驱虫。

（7）家禽驱虫时，注意防止产生耐药性。

第五章

消　毒

消毒是指用物理的（包括清扫和清洗）、化学的和生物的方法清除或杀灭畜禽体表及其生存环境和相关物品中的病原体的过程。

消毒的目的是切断传播途径，预防和控制传染病的传播和蔓延。各种传染病的传播因素和传播途径是多种多样的，在不同情况下，同一种传染病的传播途径也可能不同，因而消毒对各类传染病的意义也各不相同，对消化道传播的疾病的意义最大；对呼吸道传播的疾病的意义有限；对由节肢动物或啮齿类动物传播的疾病一般不起作用。消毒不能消除患病动物体内的病原体，因而它仅是预防、控制和消灭传染病的重要措施之一，应配合隔离、免疫接种、杀虫、灭鼠、扑杀、无害化处理等才能取得成效。

第一节　常用的消毒方法

一、消毒的种类

根据消毒的时机和目的的不同可分为：预防性消毒，随时消毒和终末消毒。

1．预防性消毒

在没有传染源的地方，如动物集贸市场、检疫隔离场等为预防传染病的发生，结合平时的管理，对畜禽舍、场地、环境、人员、车辆、用具和饮水、饲料等进行定期的消毒称预防性消毒。其特点是按计划定期进行。

2．随时消毒

为及时消灭刚从检出的患病动物排出的病原体而采取的消毒叫随时消毒。其特点是需要多次重复消毒。随时消毒的对象包括病畜所在的圈舍、检疫隔离场、患病动物的分泌物、排泄物污染以及被污染的一切场所、用具和物品等。患病动物畜舍应每天或随时进行消毒。

3．终末消毒

在检出的患病动物转移、痊愈、死亡而解除隔离后，或在疫区即将解除封锁前，为彻底消灭可能残留的病原体而进行的消毒叫终末消毒。其特点是消毒对象全面、消毒程度彻底。随时消毒和终末消毒合称为疫源地消毒。

二、消毒的方法

常用的方法包括物理消毒、化学消毒和生物热消毒。

（一）物理消毒

1．机械消毒

机械消毒是指通过清扫、洗刷、通风和过滤等手段机械清除病原体的方法，它不能直接杀灭病原体，必须配合其他消毒方法同时使用，才能取得良好的消毒效果，是最基础、最普遍的消毒方法。

清扫、冲洗圈舍应先上后下（屋顶、墙壁、地面），先内后外（先圈舍内、后圈舍外）。清扫时，为避免病原体随灰尘飞扬，清扫前先对清扫对象喷洒清水或消毒液，再开始清扫。

清扫出来的污物垃圾，要根据怀疑含有的病原体的抵抗力，选择堆积发酵、掩埋、焚烧等方法进行无害化处理。

圈舍应当纵向或正压、过滤通风，避免圈舍排出的污秽气体、尘土危害周围环境和相邻的圈舍。

2．日光、紫外线消毒

日光是天然的消毒剂，将需要消毒的物品放在日光下暴晒，利用紫外线、灼热以及干燥作用使病原体灭活而达到消毒的目的，一般病毒和非芽孢性病原体在直射的日光下一分钟至数小时就可以被杀死。此法较适用于动物圈舍的垫草、用具等的消毒，对被污染的土壤、牧场、场地表层的消毒均具有重要意义。

紫外线对革兰氏阴性菌、病毒效果较好，革兰氏阳性菌次之，对细菌芽孢无效。紫外线灯常用于室内环境、衣物、用具等表面消毒，由于紫外线对眼黏膜、视神经和皮肤有损伤，一般不用于人和动物体表消毒。

紫外线灯一般于 6 ～ 15 立方米空间安装一只，灯管距离地面 2.5 ～ 3 米为宜。室温 10 ～ 15℃、相对湿度 40% ～ 60% 的环境下紫外线杀菌效果最好，消毒时要根据微生物的种类选择适宜的照射时间，一般不少于 30 分钟。

紫外线灯管要经常擦拭，其杀菌强度也会随使用时间而减弱，因此一般使用 1400 小时左右就要更换新灯管。

3．干燥消毒法

干燥可抑制微生物的生长繁殖，甚至导致微生物死亡，所以在生产实际中常用干燥的方法保存草料、谷类、鱼、肉、皮张等。

4．热消毒法

热消毒法可分为干热灭菌法和湿热灭菌法两类。

干热灭菌法包括火焰灭菌和热空气灭菌两种。

火焰灭菌：直接以火焰焚烧、烧灼可以立即杀死全部微生物。常在发生烈性传染病，如炭疽、气肿疽时，对患病动物尸体及其污染的垫草、草料等进行焚烧，对圈舍墙壁、地面和圈舍内的料盘、笼具等金属工具可用喷灯进行喷火消毒。在实验室主要用于接种针、玻璃棒、试管口、玻片、剪刀、镊子等可以灼烧的物品的消毒。

热空气灭菌：即在干燥的情况下利用热空气灭菌，一般在干热灭菌箱内进行。此法适用于干燥的玻璃器皿，如烧杯、烧瓶、吸管、试管、离心管、培养皿、玻璃注射器，以及针头、滑石粉、凡士林、液体石蜡等物品的灭菌。在干热的情况下，由于热的穿透力较低，灭菌时间较湿热法长。干热灭菌时，一般细菌的繁殖体在100℃经1.5小时才能被杀死，芽孢需140℃经3小时，真菌的孢子则需100～115℃经1.5小时才能被杀灭。

湿热灭菌法应用较为广泛，是灭菌效力较强的消毒方法。常用的湿热灭菌方法有如下几种：

煮沸消毒：是日常最为常用的消毒方法。一般病原体在60～70℃经30～60分钟或者100℃的沸水中5分钟即可死亡。多数芽孢在煮沸15～30分钟即可死亡，煮沸1～2小时可以杀灭所有的病原体。常用于耐煮的金属器械、木质和玻璃器具、工作服等的消毒。若在水中加入少许碱，如0.5%～1%的肥皂或1%的碳酸钠等，可使蛋白、脂肪溶解，防止金属生锈，提高沸点，增强灭菌作用。水中若加入2%～5%的石炭酸，能增强消毒效果，经15分钟的煮沸可杀死炭疽杆菌的芽孢。

蒸汽消毒：这种消毒法与煮沸消毒的效果相似，如果蒸汽和化学药品（如甲醛等）并用，杀菌力可以加强。在实验室用的高压灭菌器一般是以103.4千帕的压力，在121.3℃下维持20～30分钟，这样可以保证杀死全部细菌及其芽孢。玻璃、纱布、金属器械、培养基、橡胶用品、生理盐水缓冲液、针具等均可采用此法灭菌。

巴氏消毒法：为Pasteui所创，用于葡萄酒、啤酒及鲜牛乳的消毒。巴氏消毒法的目的是最大限度地消灭病原体。分为低温，长时间巴氏消毒法（在63～65℃经过30分钟），高温短时间巴氏消毒法（在71～72℃经过15

秒），加热消毒后都迅速冷却至10℃以下，称为冷击，这样可以进一步促使病原体死亡，也有利于鲜乳马上转入冷藏保存。

为适应大城市大量鲜奶的消毒，进一步改进建立了一种用超高温瞬时杀菌装置处理鲜牛乳的超高温巴氏消毒法。利用此装置使鲜牛乳呈薄层状态，通过热交换式的金属板或管道使温度迅速升至不低于132℃经1～2秒，迅速冷却，达到消毒目的。

（二）化学消毒

在动物防疫检疫实践中，利用化学药品进行消毒是最常用的。化学消毒的效果取决于许多因素，如病原体抵抗力的特点、所处环境的情况和性质、消毒时的温度、药剂的浓度、作用时间长短等。选用化学消毒剂应考虑杀菌谱广，有效浓度低，作用快，效果好；对人畜无害；性质稳定，易溶于水，不易受有机物和其他理化因素影响；对金属、木材、塑料制品等无腐蚀性；使用方便，价廉，易推广；使用后残留量少或副作用小等。

常用的化学消毒法有刷洗法、浸泡法、喷雾法、熏蒸法、喷洒法等。

1. 刷洗法

用刷子蘸取消毒液进行刷洗，常用于饲槽、饮水槽等设备、用具的消毒。

2. 浸泡法

将需消毒的物品浸泡在一定浓度的消毒液中，浸泡一定时间后再拿出来。如将食槽、饮水器等各种器具浸泡在0.5%～1%新洁尔灭中消毒。

3. 喷洒法

喷洒消毒是指将消毒药配制成一定浓度的溶液（消毒液必须充分溶解并进行过滤，以免药液中不溶性颗粒堵塞喷头，影响喷洒消毒），用喷雾器或喷壶对需要消毒的对象（畜舍空间、墙面、地面、道路等）进行喷洒消毒。

圈舍空间喷洒消毒效果的好坏与雾滴粒子大小以及雾滴均匀度密切相关。喷出的雾滴直径应控制在80～120微米，不要小于50微米。过大易造成喷雾不均匀和畜舍太潮湿，且在空中下降速度太快，与空气中的病原体、尘埃接触不充分，起不到消毒空气的作用；雾滴粒子太小则易被畜禽吸入肺泡，诱发呼吸道疾病。

喷洒消毒前，操作人员要做好防护，要防止造成人身伤害；舍内空间气雾喷洒消毒时，房舍应密闭，关闭门、窗和通风口，减少空气流动，以增强消毒效果。

喷洒消毒的步骤：

（1）根据消毒对象和消毒目的，配制消毒药。

（2）清扫消毒对象。

检查喷雾器或喷壶。喷雾器使用前，应先对喷雾器各部位进行仔细检查，尤其应注意橡胶垫圈是否完好、严密，喷头有无堵塞等。喷洒前，先用清水试喷一下，证明一切正常后，将清水倒净，然后再加入配制好的消毒药液。

（4）添加消毒药液，进行舍内喷洒消毒。打气压，当感觉有一定压力时，即可握住喷管，按下开关，边走边喷，还要一边打气加压，一边均匀喷雾。一般以"先里后外、先上后下"的顺序喷洒为宜，即先对动物舍的最里面、最上面（顶棚或天花板）喷洒，然后再对墙壁、设备和地面仔细喷洒，边喷边退，从里到外逐渐退至门口。

（5）喷洒消毒用药量应视消毒对象的结构和性质适当掌握。

（6）当喷雾结束时，倒出剩余消毒液再用清水冲洗干净，防止消毒剂对喷雾器的腐蚀，冲洗水要倒在废水池内。把喷雾器冲洗干净后内外擦干，保存于通风干燥处。

4. 熏蒸法

常用福尔马林配合高锰酸钾进行熏蒸，也可选择固体甲醛、过氧乙酸及新型烟熏剂进行消毒。其优点是消毒较全面，省工省力，但消毒后有较浓的刺激气味，动物舍不能立即使用。另外消毒时要注意工作人员的安全防护。

（1）配制消毒药品：根据消毒空间大小和消毒目的，准确称量消毒药品。如固体甲醛按每立方米 3.5 克；高锰酸钾与福尔马林混合进行畜禽空舍熏蒸消毒时，一般每立方米用福尔马林 14 ~ 42 毫升、高锰酸钾 7 ~ 21 克、水 7 ~ 21 毫升，熏蒸消毒 7 ~ 24 小时。种蛋消毒时福尔马林 28 毫升、高锰酸钾 14 克、水 14 毫升，熏蒸消毒 20 分钟。杀灭芽孢时每立方米需福尔马林 50 毫升；过氧乙酸熏蒸使用浓度是 3% ~ 5%，每立方米用 2.5 毫升，在相对湿度 60% ~ 80% 条件下，熏蒸 1 ~ 2 小时。

（2）清扫消毒场所：先将需要熏蒸消毒的场所（畜禽舍、孵化器等）彻底清扫、冲洗干净。关闭门窗和排气孔，防止消毒药物外泄。

按照消毒面积大小，放置消毒药品，进行熏蒸。将盛装消毒剂的容器均匀地摆放在要消毒的场所内，如动物舍长度超过 50 米，应每隔 20 米放一个容器。所使用的容器必须是耐燃烧的，通常用陶瓷或搪瓷制品。

（3）熏蒸时间：一般动物舍应达到 24 小时，再进行通风换气排出室内残余气体，如想快速清除甲醛的刺激性，可用浓氨水（2 ~ 5 毫升 / 立方米）加热蒸发以中和甲醛。

5．拌和法

在对粪便、垃圾等污染物进行消毒时，可用粉剂型消毒药品与其拌和均匀，堆放一定时间，可达到良好的消毒目的。如将漂白粉与粪便以 1 : 5 的比例拌和均匀，进行粪便消毒。

（1）称量或估算消毒对象的重量，计算消毒药品的用量，进行称量。

（2）将消毒药与消毒对象拌和均匀，堆放一定时间即达到消毒目的。

6．撒布法

将粉剂型消毒药品均匀地撒布在消毒对象表面。如用消石灰撒布在阴湿地面、粪池周围及污水沟等处进行消毒。

7．擦拭法

擦拭法是指用布块或毛刷浸蘸消毒液，在物体表面或动物、人员体表擦拭消毒。如用 0.1% 的新洁尔灭洗手，用布块浸蘸消毒液擦洗母畜乳房；用布块蘸消毒液擦拭门窗、设备、用具和栏、笼等；用脱脂棉球浸湿消毒药液在猪、鸡体表皮肤、黏膜、伤口等处进行涂擦；用碘酊、酒精棉球涂擦消毒术部等，也可用消毒药膏剂涂布在动物体表进行消毒。

（三）生物热消毒法

生物热消毒法是将被污染的粪便或患病动物尸体掩埋在一定深度的发酵坑内或堆积一定的高度，通过粪便生物热和尸体的腐败，杀灭各种病毒、细菌（芽孢除外）、寄生虫虫卵等病原体的消毒方法。

生物热消毒要选择远离居民、河流、水井的地方，一般距离人畜房舍要达到 200～250 米。

1. 发酵池法

此法适用于动物养殖场，多用于稀粪便的发酵。发酵池可以为圆形或方形，并根据粪便的多少决定发酵池的大小和数量。池的边缘与池底用砖砌后再抹以水泥，使其不渗漏。使用时，先在其池底放一层干粪，然后将每天清除出的粪便、垫草等倒入池内，直到快满的时候在粪的表面铺一层干粪或杂草，上面再用一层泥土封好，如条件许可，可用木板盖上，以利于发酵和保持卫生，经 1～3 个月，即可发酵为粪肥。在此期间每天清除的粪便可倒入另一个发酵池。如此轮换使用。

2. 堆粪法

此法适用于干固粪便的处理。一般在平地上挖一个宽 1.5～2.5 米，深约 20 厘米的浅坑，从坑底两边至中央有一个小的倾斜度，坑的长度视粪便量的多少而定。先在坑底放一层 25 厘米厚的无传染病污染的粪便或干草，然后在其上再堆放准备要消毒的粪便、垫草等，堆到 1～1.5 米的高度时，再放上 10 厘米厚的干净的谷草（稻草等），最外一层抹上 10 厘米厚的泥土后密封发酵，夏季两个月，冬季 3 个月以上，即可出肥清坑。当粪便较稀时，应加些杂草，太干时倒入稀粪或加水，使其干湿适当，以使其迅速发热。

3. 掩埋法

此法多用于不含有细菌芽孢的动物尸体的处理，发生疫情时被扑杀的动物尸体多用此法处置。掩埋坑要求深达地表 2 米以下，大小随需要处置污染物的多少决定。在操作时，先在坑底撒上一层生石灰，再放入尸体，放一层尸体撒一层生石灰或漂白粉，为防止野生动物扒食动物尸体，掩埋后封土要夯实，掩埋后还要对掩埋区域喷洒消毒药物，以防病原体扩散污染周围环境。

第二节　消毒剂及配制

一、消毒剂

（一）消毒剂的概念

消毒剂是指用于消毒的化学药品。这些化学药品有的可阻碍微生物新陈代谢的某些环节而呈现抑菌作用，有的使菌体蛋白质变性或凝固而呈现杀菌作用，因而可利用消毒剂对病原体的毒性作用这一原理，对消毒物品进行清洗、浸泡、喷洒、熏蒸等，以达到杀灭病原体的目的。

（二）影响消毒剂消毒效果的因素

1. 消毒剂的性质

各种消毒剂，由于其本身的化学特性和化学结构不同，其对微生物的作用方式也不相同，各类消毒剂的消毒效果也不一致。

2．消毒剂的浓度

在一定的范围内，消毒剂的浓度越大，其对微生物的毒性作用也越强。但是消毒剂浓度的增加是有限度的，超越此限度时，并不一定能提高消毒效力，有时一些消毒剂的杀菌效力反而随浓度的增高而下降，如70%～75%的酒精的杀菌作用比95%的酒精强。

3．微生物的种类

由于微生物本身的形态结构及代谢方式等生物学特性的不同，其对消毒剂的反应也不同。

4．温度及时间

一般消毒剂在较高温度下消毒效果比较低温度下好。温度升高可以增强消毒剂的杀菌能力，并能缩短消毒时间。当温度增加10℃，酚类的消毒速度增加8倍以上。在其他条件都一定的情况下，作用时间越长，消毒效果越好。消毒剂杀灭细菌所需时间的长短取决于消毒剂的种类、浓度及其杀菌速度，同时也与细菌的种类、数量和所处的环境有关。

5．湿度

在熏蒸消毒时，湿度可作为一个环境因素影响消毒效果。用过氧乙酸及甲醛熏蒸消毒时，相对湿度以60%～80%为最好。湿度太低，则消毒效果不良。

6．酸碱度（pH）

许多消毒剂的消毒效果均受消毒环境 pH 的影响。一般来说，未电离的分子较易通过细菌的细胞膜，杀菌效果较好。

7．有机物的存在

当微生物所处的环境中有有机物如粪便、痰液、脓汁、血液及其他排泄物存在时，由于消毒剂首先与这些有机物结合，而大大地减少了与微生物作用的机会，同时，这些有机物的存在，对微生物也具有机械的保护作用，结果使消毒剂的杀菌作用大为降低。所以，在消毒皮肤及创口时，要先洗净，再行消毒，对于有痰液、粪便的动物圈舍的消毒应选用受有机物影响较小的消毒药物，同时应适当提高消毒剂的浓度，延长消毒时间，方可达到良好的消毒效果。

（三）常用消毒剂的种类及使用

消毒剂的种类很多，根据其化学特性不同可分为碱类、酸类、醇类、醛类、酚类、氯制剂、碘制剂、季铵盐类、氧化剂、挥发性烷化剂等。

1. 醛类

包括甲醛、聚甲醛、戊二醛、固体甲醛等。

（1）甲醛是一种广谱杀菌剂，对细菌、芽孢、真菌和病毒均有效。浓度为 35%～40% 的甲醛溶液称为福尔马林。可用于圈舍、用具、皮毛、仓库、实验室、衣物、器械、房舍等的消毒，并能处理排泄物。2% 福尔马林用于器械消毒，置于药液中浸泡 1～2 小时；用于地面消毒时，用量为每 100 平方米 13 毫升。10% 甲醛溶液可以处理排泄物。用于室内、器具等熏蒸消毒时，要求密闭的圈舍按每立方米 7～21 克高锰酸钾加入 14～42 毫升福尔马林，环境温度（室温）一般不应低于 15℃，相对湿度 60%～80%，作用时间 7 小时以上。

（2）聚甲醛为甲醛的聚合物。具有甲醛特臭的白色疏松粉末，在冷水中溶解缓慢，热水中很快溶解。溶于稀碱和稀酸溶液。聚甲醛本身无消毒作用，常温下缓慢解聚，放出甲醛呈现杀毒作用。如加热至 80～100℃时很快产生大量甲醛气体，呈现强大的杀菌作用。主要用于环境熏蒸消毒，常用量为每立方米 3～5 克，消毒时间不少于 10 小时。消毒时室内温度应在 18℃以上，湿度最好在 80%～90%。

（3）戊二醛为无色油状液体，味苦，有微弱的甲醛臭味，但挥发性较低。可与水或醇做任何比例的混溶，溶液呈弱酸性，pH 高于 9 时，可迅速聚合。戊二醛原为病理标本固定剂，近 10 年来发现其碱性水溶液具有较好的杀菌作用。当 pH 为 5～8.5 时，作用最强，可杀灭细菌的繁殖体和芽孢、真菌、病毒，其作用较甲醛强 2～10 倍。有机物对其作用影响不大。对组织刺激性弱，但碱性溶液可腐蚀铝制品。目前常用其 2% 碱性溶液（加 0.3% 碳酸氢钠），用于浸泡消毒不宜加热消毒的医疗器械、塑料及橡胶制品等。浸泡 10～20 分钟即可达到消毒目的。

（4）固体甲醛属新型熏蒸消毒剂，甲醛溶液的换代产品。消毒时将干粉置于热源上即可产生甲醛蒸汽。使用方便、安全，一般每立方米空间用药 3.5 克，保持湿热，温度 24℃以上、相对湿度 75% 以上。

2. 卤素类

包括氯消毒剂和碘消毒剂，如漂白粉、次氯酸钠、次氯酸钙、二氯异氰尿酸钠、三氯异氰尿酸、二氧化氯、碘酊、复合碘溶液等。

（1）漂白粉主要用于畜禽圈舍、畜栏、笼架、饲槽及车辆等的消毒；在食品厂、肉联厂常用它在操作前或日常消毒中消毒设备、工作台面等；次氯酸钠溶液常用作水源和食品加工厂的器皿消毒。

漂白粉可采用 5%～10% 混悬液喷洒，也可用粉末撒布。5% 溶液 1 小时可杀死芽孢。饮水消毒每升水中加入 0.3～1.5 克漂白粉，可起杀菌除臭作用。10%～20% 乳剂可用于消毒被病畜禽污染的圈舍、畜栏、粪池、排泄物、运输畜禽的车辆和被炭疽芽孢污染的场所。干粉按 1∶5 可用于粪便的消毒。

漂白粉必须现用现配，贮存久了有效氯的含量逐渐降低；不能用于有色棉织品和金属用具的消毒；不可与易燃、易爆物品放在一起，应密闭保存于阴凉干燥处；漂白粉有轻微毒性，使用浓溶液时应注意人畜安全。

（2）二氯异氰尿酸钠为白色结晶粉末，有氯臭，含有效氯 60%，性能稳定，室内保存半年后有效氯含量仅降低 1.6%，易溶于水，溶液呈弱酸性，水溶液稳定性较差。为新型高效消毒药，对细菌繁殖体、芽孢、病毒、真菌孢子均有较强的杀灭作用。饮水消毒每升水 0.5 毫克，用具、车辆、畜舍消毒浓度为每升水含有效氯 50～100 毫克。

（3）三氯异氰尿酸为白色结晶性粉末。有效氯含量为 85% 以上，有强烈的氯气刺激气味，在水中溶解度为 1.2%，遇酸遇碱易分解，是一种极强的氯化剂和氧化剂，具有高效、广谱、安全等特点。常用于环境、饮水、饲槽等消毒。饮水消毒每升水含 4～6 毫克，喷洒消毒每升水含 200～400 毫克。

（4）二氧化氯为广谱杀菌消毒剂、水质净化剂，安全无毒，无致畸、致癌作用。其主要作用是氧化作用。对细菌、芽孢、病毒、真菌、原虫等均有强大的杀灭作用，并有除臭、漂白、防霉、改良水质等作用。主要用于畜（禽）舍、环境、用具、车辆、种蛋、饮水等消毒。

本品有两类制剂，一类是稳定性二氧化氯溶液（即加有稳定剂的合剂），无色、无味、无臭的透明水溶液，腐蚀性小，不易燃，不挥发，在 −5～95℃ 下稳定，不易分解。含量一般为 5%～10%，用时需加入固体活化剂（酸活化），即释放出二氧化氯；另一类是固体二氧化氯，为两包包装，其中一包为亚氧酸钠，另一包为增效剂及活化剂，用时分别溶于水后混合，即迅速产生二氧化氯。

（5）碘酊、碘伏常用于皮肤消毒。2% 的碘酊、0.2%～0.5% 的碘伏常用于皮肤消毒；0.05%～0.1% 的碘伏用于伤口、口腔消毒；0.02%～0.05% 的碘伏用于阴道冲洗消毒。

（6）复合碘溶液为碘、碘化物与磷酸配制而成的水溶液，含碘 1.8%～2.2%，褐红色黏稠液体，无特异刺激性臭味。有较强的杀菌消毒作用。对大多数细菌、霉菌和病毒均有杀灭作用。可用于动物舍、孵化器（室）、用具、设备及饲饮器具的喷雾或浸泡消毒。使用时应注意市售商品的浓度，再按实际使用消毒的浓度计算出商品液需要量。本品带有褐色即为指示颜色，当褐色消失时，表示药液已丧失消毒作用，需另行更换；本品不宜与热水、碱性消毒剂或肥皂水共用。

3．醇类

醇类消毒剂最常见的是乙醇，75% 的乙醇俗称酒精，常用于皮肤、针头、体温计等消毒，用作溶媒时，可增强某些非挥发性消毒剂的杀微生物作用。本品易燃，不可接近火源。

4．酚类

包括苯酚（石炭酸）、煤酚（甲酚）、复合酚等。

（1）苯酚俗称石炭酸，用于处理污物、用具和器械，通常用其 2% ～ 5% 的水溶液消毒车辆、墙壁、运动场及畜禽圈舍。

因本品有特殊臭味，故不适用于肉、蛋的运输车辆及贮藏肉蛋的仓库消毒。

（2）煤酚主要用于畜舍、用具和排泄物的消毒。同时也用于手术前洗手和皮肤的消毒。

2% 水溶液用于手术前洗手及皮肤消毒、3% ～ 5% 水溶液用于器械、物品消毒、5% ～ 10% 水溶液用于畜禽舍、畜禽排泄物等的消毒。

本品不宜用于蛋品和肉品的消毒。

（3）复合酚复合酚主要用于畜禽圈舍、栏、笼具、饲养场地、排泄物等的消毒，常用的喷洒浓度为 0.35% ～ 1%。

5．氧化剂类

包括过氧化氢、环氧乙烷、过氧乙酸、高锰酸钾等，其理化性质不稳定，但消毒后不留残毒是它们的优点。

（1）环氧乙烷适用于精密仪器、手术器械、生物制品、皮革、裘皮、羊毛、橡胶、塑料制品、饲料等忌热、忌湿物品的消毒，也可用于仓库、实验室、无菌室等的空间熏蒸消毒。

杀灭细菌 300 ～ 400 克 / 立方米；消毒霉菌污染用 700 ～ 950 克 / 立方米；消毒芽孢污染的物品用 800 ～ 1700 克 / 立方米。要求严格密闭，温度不低于 18℃，相对湿度 30% ～ 50%，时间 6 ～ 24 小时。环氧乙烷易燃、易爆，对人有一定的毒性，一定要小心使用。

（2）过氧乙酸除金属制品外，可用于消毒各种产品。0.5% 水溶液用于喷洒消毒畜舍、饲槽、车辆等；0.04% ～ 0.2% 水溶液用于塑料、玻璃、搪瓷和橡胶制品的短时间浸泡消毒；5% 水溶液 2.5 毫升 / 立方米用于喷雾消毒密闭的实验室、无菌间、仓库等；0.3% 水溶液 30 毫升 / 立方米喷雾，可作 10 日龄以上雏鸡的消毒。

过氧乙酸要求现用现配，市售成品 40% 的水溶液性质不稳定，必须低温避光保存。

（3）高锰酸钾常用于伤口和体表消毒。高锰酸钾为强氧化剂，0.01% ～ 0.02% 溶液可用于冲洗伤口，福尔马林加高锰酸钾用作甲醛熏蒸，用于物体表面消毒。

6. 碱类

包括氢氧化钠（火碱）、氧化钙（生石灰）、草木灰等。

（1）氢氧化钠俗称火碱，主要用于消毒畜禽厩舍，也用于肉联厂、食品厂车间、奶牛场等的地面、饲槽、台板、木制刀具、运输畜禽的车船等的消毒。

浓度 1% ～ 2% 的水溶液用于圈舍、饲槽、用具、运输工具的消毒；3% ～ 5% 的水溶液用于炭疽芽孢污染场地的消毒。

氢氧化钠对金属物品有腐蚀作用，消毒完毕用水冲洗干净；对皮肤、被毛、黏膜、衣物有强腐蚀和损坏作用，注意个人防护；对畜禽圈舍和食具消毒时，必须空圈或移出动物，间隔半天用水冲地面、饲槽后方可让其入舍。

（2）氧化钙即生石灰，主要用于畜禽圈舍墙壁、畜栏、地面、阴湿地面、粪池周围及污水沟等的撒布消毒。

配成 20% 的石灰乳，涂刷畜禽圈舍墙壁、畜栏、地面或直接加石灰于被消毒的液体中，撒在阴湿地面、粪池周围及污水沟等处进行消毒，消毒粪便可加等量的 2% 石灰乳，使接触至少 2 小时。为了防疫消毒，可在畜禽场、屠宰场等放置浸透 20% 石灰乳的脚垫以消毒鞋底。

（3）草木灰用于畜禽圈舍、运动场、墙壁及食槽的消毒，效果同 1% ～ 2% 的烧碱。操作时用 50 ～ 60℃热草木灰撒布，也可用 30% 热草木灰水喷洒。

7. 表面活性剂与季铵盐类

常见以下几种产品。

（1）新洁尔灭用于畜禽场的用具和种蛋消毒。用 0.1% 水溶液喷雾消毒蛋壳、孵化器及用具等；0.15% ～ 0.2% 水溶液用于鸡舍内喷雾消毒。

（2）洗必泰多用于洗手消毒、皮肤消毒、创伤冲洗、也可用于畜禽圈舍、器具设备的消毒等。

0.05% ～ 0.1% 溶液可用作口腔、伤口防腐剂；0.5% 洗必泰乙醇溶液可增强其杀菌效果，用于皮肤消毒；0.1% ～ 4% 洗必泰溶液可用于洗手消毒。

（3）季铵盐用于饮水、环境、种蛋、饲养用具及孵化室消毒，也可用于圈舍带动物消毒。市场销售的产品很多，如"百毒杀"，但浓度不一，使用时应注意市售商品的浓度，再按实际使用消毒的浓度计算出商品液需要量。

（四）各种消毒药物的选用

（1）动物舍室内空气消毒高锰酸钾、甲醛、过氧乙酸、乳酸等。

（2）饮水消毒漂白粉、氯胺、抗毒威、百毒杀。

（3）动物舍地面消毒石灰乳、漂白粉、草木灰、氢氧化钠等。

（4）运动场地消毒漂白粉、石灰乳、农福等。

（5）消毒池消毒氢氧化钠、石灰乳、来苏尔等。

（6）饲养设备消毒漂白粉、过氧乙酸、百毒杀等。

（7）粪便消毒漂白粉、生石灰、草木灰等。

（8）带动物消毒菌毒清、百毒杀、超氯、速效碘等。

（9）种蛋消毒过氧乙酸、甲醛、新洁尔灭、高锰酸钾、超氯、百毒杀、速效碘等。

二、常用消毒剂的配制方法

1. 配制前的准备

（1）量器的准备：量筒、台秤、药勺、盛药容器（最好是搪瓷或塑料耐腐蚀制品）、温度计等。

（2）防护用品的准备：工作服、口罩、护目镜、橡胶手套、胶靴、毛巾、肥皂等。

（3）消毒药品的选择：依据消毒对象表面的性质和病原体的抵抗力，选择高效、低毒、使用方便、价格低廉的消毒药品。依据消毒对象面积（如场地、动物圈舍内地面、墙壁的面积和空间大小等）计算消毒药用量。

2. 配制方法

（1）75% 酒精溶液用量器称取 95% 医用酒精 789.5 毫升，加蒸馏水（或纯净水）稀释至 1000 毫升，即为 75% 酒精，配制完成后密闭保存。

（2）5% 氢氧化钠溶液称取 50 克氢氧化钠，装入量器内，加入适量温水中（最好用 60 ～ 70℃热水），搅拌使其溶解，再加水至 1000 毫升，即得，配制完成后密闭保存。

（3）0.1% 高锰酸钾溶液称取 1 克高锰酸钾，装入量器内，加水 1000 毫升，使其充分溶解即得。

（4）3% 来苏尔溶液取来苏尔 3 份，放入量器内，加清水 97 份，混合均匀即成。

（5）2% 碘酊溶液称取碘化钾 15 克，装入量器内，加蒸馏水 20 毫升溶解后，再加碘片 20 克及乙醇 500 毫升，搅拌使其充分溶解，再加入蒸馏水至

1000 毫升，搅匀，滤过，即得。

（6）碘甘油溶液称取碘化钾 10 克，加入 10 毫升蒸馏水溶解后，再加碘 10 克，搅拌使其充分溶解后，加入甘油至 1000 毫升，搅匀，即得。

（7）熟石灰（消石灰）生石灰（氧化钙）1 千克，装入容器内，加水 350 毫升，生成粉末状即为熟石灰，可撒布于阴湿地面、污水池、粪池周围等处消毒。

（8）20% 石灰乳 1 千克生石灰加 5 千克水即为 20% 石灰乳。配制时最好用陶瓷缸或木桶等。首先称取适量生石灰，装入容器内，把少量水（350 毫升）缓慢加入生石灰内，稍停，使石灰变为粉状的熟石灰时，再加入余下的 4650 毫升水，搅匀，即成 20% 石灰乳。

（9）草木灰水用新鲜干燥、筛过的草木灰 20 千克，加水 100 千克，煮沸 20 ～ 30 分钟（边煮边搅拌，草木灰因容积大，可分两次煮），去渣、补上蒸发的水分即可。

3．注意事项

（1）选用适宜大小的量器，取少量液体避免用大的量器，以免造成误差。

（2）某些消毒药品（如生石灰）遇水会产热，在搪瓷桶、盆等耐热容器中配制为宜。

（3）配制消毒药品的容器必须刷洗干净，以防止残留物质与消毒药发生理化反应，影响消毒效果。

（4）配制好的消毒液放置时间过长，大多数效力会降低或完全失效。因此，消毒药应现配现用。

（5）做好个人防护，配制消毒液时应戴橡胶手套、穿工作服。

第三节 器具、禽畜饲养场所的消毒

一、医疗器械消毒

（一）高温消毒

1. 煮沸消毒

这是一种简单最常用的方法。消毒前将要消毒的器械和物品（耐煮沸的物品）洗净，分类包好，并做标记，放在煮沸消毒锅内或其他容器内煮沸，水沸后保持 10 ～ 15 分钟。此法适用于各种外科器械、注射器械、刺种针、玻璃器皿、缝合丝线等。消毒好的器械按分类有序地放在预先灭过菌的有盖盘（或盒）内。

金属注射器消毒时，应拧松固定螺丝、旋松并抽出活塞，取出玻璃管，并用纱布包裹，进行煮沸消毒，使用完毕，应洗净擦干，拧松活塞，置阴凉干燥处保存。

2. 高压蒸汽灭菌法

将器械和用品包装以后，装入高压灭菌器，待水沸腾，排出冷空气，然后再关掉排气阀，使蒸汽压力达 103.4 千帕，此时温度为 121.3℃，维持 15 ～ 20分钟。此法适用于各种器械、玻璃器皿、敷料、工作衣帽等。

（二）药物浸泡消毒

医疗器械使用后，先洗刷干净，然后浸泡在消毒液中，浸泡时间长短，可依据污染情况而定。常用消毒液有 75% 酒精、0.1% 新洁尔灭等。

二、养殖场所消毒

养殖场所消毒的目的是消灭传染源向外界环境中散播病原体，切断传播途径，阻止疫病继续蔓延。养殖场应建立切实可行的消毒制度，定期对畜禽舍地面土壤、粪便、污水、皮毛等进行消毒。

（一）入场消毒

养殖场大门入口处设立消毒池（池宽同大门，长为机动车轮一周半），内放 2% 氢氧化钠液，每半月更换 1 次。

大门入口处设消毒室，室内两侧、顶壁设紫外线灯，一切人员皆要在此用漫射紫外线照射 5 ~ 10 分钟，进入生产区的工作人员，必须更换场区工作服、工作鞋，通过消毒池进入自己的工作区域，严禁相互串舍（圈）。不准带入可能污染的畜产品或物品。

（二）圈舍消毒

圈舍消毒分为空舍和带动物舍两种情况，消毒步骤和方法各有不同。

1. 空舍消毒

空舍消毒一般分为五个步骤，即清扫、冲洗、灼烧、喷洒消毒和药物熏蒸消毒。清扫要求清理干净地面和圈舍空间内的所有粪便、垫料、污物和灰尘，一定要全面、彻底，不留死角；冲洗即利用高压水枪将屋顶、墙壁、地面和设备设施表面的污物彻底冲洗干净；灼烧是使用火焰喷灯对地面、墙壁及耐火的设备进行灼烧消毒；喷洒消毒，即经过清扫、冲洗、灼烧后，选择适宜的消毒药，对屋顶、墙壁、地面以及设备用具进行药物喷洒消毒；熏蒸是消毒空舍的最后一道程序，密闭门窗，用福尔马林配伍高锰酸钾或过氧乙酸等消毒液进行熏蒸消毒。

2. 带动物舍消毒

首先，圈舍门口要设立消毒池和洗手盆，内盛消毒药，并至少每周更换一次。进出圈舍的人员都要脚踏消毒池和用消毒液洗手消毒。其次，要定期对圈舍内部进行清扫、冲洗，清理粪便污物，保持舍内清洁卫生，要定期通风换气，保证空气新鲜；最后，要定期用高效低毒、无刺激性的消毒药洗刷水槽、料槽、用具及喷洒消毒墙壁、地面，并视情况需要对动物体表进行喷雾消毒。

（三）圈舍外环境消毒

圈舍外环境及道路要定期进行消毒，填平低洼地，铲除杂草，灭鼠、灭蚊蝇、防鸟等。

（四）运载工具消毒

饲养场运载工具包括运料车、清污车、运送动物的车辆等，车辆的消毒主要是应用喷洒消毒法。首先应用物理消毒法对运输工具进行清扫和清洗，去除污染物，如粪便、尿液、散落的饲料等。然后根据消毒对象和消毒目的，选择适宜的消毒方法进行消毒，如喷雾消毒或火焰消毒。一般运料车每周消毒一次、清污车每天消毒一次、运送动物车辆每次使用前后都要消毒一次。

（五）饲养用具及其他器械消毒

饲养用具包括食槽、饮水器、添料锹等，以及其他器械、药品、用具等。饲槽应及时清理剩料，每周消毒一次，饮水用具特别是家禽饮水器每天应清洗消毒一次。食槽或饮水器一般选用过氧乙酸、高锰酸钾等进行消毒；其他器械、药品、用具等可根据具体情况选择紫外线照射、熏蒸、浸泡或喷雾消毒等不同方法。

（六）饲养场污水消毒

饲养场污水中含有大量有害物质和病原体，消毒前一般经过物理处理、化学处理和生物处理三个过程，以除去污水中的沉淀物、上浮物、大部分有机污染物和病原体，但仍含有大量的细菌，需经消毒药物处理后，方可排出。常用的方法是氯化消毒。将液态氯转变为气体。通入消毒池，可杀死99%以上的有害细菌。也可用漂白粉消毒。即每千升水中加有效氯0.5千克。

（七）粪便污物消毒

粪便污物消毒方法包括生物热消毒法、焚烧消毒法和化学药品消毒法。生物热消毒法中最常用的是发酵池法和堆粪法。对于疑似危险传染病的畜禽粪便则可选择掩埋或焚烧消毒法，对于带有细菌芽孢的粪便必须用焚烧法。化学消毒一般用含2%～5%有效氯的漂白粉溶液或20%石灰乳等化学药品进行消毒，但由于操作麻烦，效果不理想，实践中较少使用。

（八）尸体处理

尸体可用掩埋法、焚烧法等方法进行消毒处理。掩埋应选择离养殖场200米之外的无人区，找土质干燥、地势高、地下水位低的地方挖坑，坑底部撒上生石灰，再放入尸体，放一层尸体撒一层生石灰，最后填土夯实。而焚烧法是最彻底、最理想的消毒动物尸体的方法。

注意事项

（1）尽可能选用广谱的消毒剂或根据特定的病原体选用对其作用最强的消毒药。消毒药的稀释度要准确，应保证消毒药能有效杀灭病原体，并要防止腐蚀、中毒等问题的发生。

（2）有条件或必要的情况下，应对消毒质量进行监测，检测各种消毒药的效果。并注意消毒药之间的相互作用，防止相互作用使药效降低。

（3）不准任意将两种不同的消毒药物混合使用或消毒同一种物品，因为两种消毒药合用时常因物理或化学配伍禁忌而使药物失效。

（4）消毒药物应定期替换，不要长时间使用同一种消毒药物，以免病原体产生耐药性，影响消毒效果。

第四节　疫点（疫区）消毒

疫点（疫区）消毒是指发生传染病后到解除封锁期间，为及时消灭病原体而进行的反复多次消毒。疫点的消毒内容包括患病动物及病原体携带者的排泄物、分泌物及其污染的圈舍、用具、场地物品等。

要成立专门的清洗消毒队并有一名专业技术人员指导，制订周密的消毒计划。要根据病原体的抵抗力和消毒对象的性质和特点，确定消毒剂种类和浓度。要根据疫点（疫区）的养殖状况、地理条件、气候、季节等实际情况准备好充足的清洗消毒工具、防护装备。要运用包括清扫、冲洗、洗刷、喷洒、火焰烧灼、熏蒸等多种消毒方法消毒，严格执行消毒规程，并要求要全面、彻底，不要遗漏任何一个地方、一个角落。

消毒后要进行消毒效果监测，了解消毒质量。

一、环境和道路消毒

彻底清扫、冲洗。清理出的污物，集中到指定的地点焚烧或混合消毒剂后深埋等无害化处理。

对疫点内所有区域，包括疫点内饲养区、办公区、饲养人员的宿舍、公共食堂、道路等场所，喷洒消毒药液。

二、动物圈舍消毒

彻底清扫动物圈舍内的废弃物、粪便、垫料、剩料等各种污物，并运送至指定地点进行无害化处理；可移动的设备和用具搬出舍外，集中堆放到指定的地点用消毒剂清洗或洗刷，对动物圈舍的墙壁、地面、笼具，特别是屋顶、木梁等，用高压水枪进行冲刷，清洗干净。再用火焰喷射器对圈舍的墙壁、地面、笼具等不怕燃烧的物品进行火焰消毒，用消毒液对顶棚、地面和墙壁等进行均匀、足量的喷雾、喷洒消毒。最后对圈舍用福尔马林密闭熏蒸消毒 24 小时以上。

三、病死动物处理

病死、扑杀的动物装入不泄漏容器中，密闭运至指定场地进行焚烧或深埋，事后再对场地进行认真清洗和消毒。

四、用具、设备消毒

金属等耐烧设备用具，可采取火焰灼烧等方式消毒；对不耐烧的笼具、饲槽、饮水器、栏等用消毒剂刷洗、浸泡、擦拭；消毒用的各种工具也要按上述方法消毒。

五、交通工具消毒

出入疫点、疫区的交通要道设立临时性消毒点，对出入人员、运输工具及有关物品进行消毒。

疫点、疫区内所有可能被污染的运载工具均应严格消毒，车辆的外面、内部及所有角落和缝隙都要用清水冲洗，用消毒剂消毒，不留死角。所产生的污水也要做无害化处理。

车辆上的物品也要消毒；车辆上清理下来的垃圾和粪便要做无害化处理。

六、饲料和粪便消毒

饲料、垫料和粪便等要深埋、发酵或焚烧。

七、屠宰加工、贮藏等场所的消毒

所有动物及其产品都要深埋或焚烧；圈舍、笼具、过道和舍外区域要清洗，并用消毒剂喷洒；所有设备、桌子、冰箱、地板、墙壁等要冲洗干净，用消毒剂喷洒消毒；所用衣物用消毒剂浸泡后清洗干净，其他物品都要用适当的方式进行消毒；以上所产生的污水要做无害化处理。

八、工作人员的防护与消毒

参加消毒工作的各类人员在进入疫点前要穿戴好防护服，戴可消毒的胶手套、口罩、护目镜，穿胶靴。

每次换下的防护用品，其中包括穿戴的工作服、帽、手套等均要严格消毒。有的防护物品如手套、塑料袋和口罩等应销毁。

消毒工作完毕后，在出口处脱掉防护装备，置于容器内进行消毒；工作人员的手及皮肤裸露部位应清洗、消毒，然后洗澡。

第六章

畜禽标识及养殖档案管理

为了规范畜牧业生产经营行为，加强畜禽标识和养殖档案管理，建立畜禽及畜禽产品可追溯制度，有效防控重大动物疫病，保障畜禽产品质量安全，依据《中华人民共和国畜牧法》《中华人民共和国动物防疫法》和《中华人民共和国农产品质量安全法》等，制定的《畜禽标识和养殖档案管理办法》于 2006 年 6 月 16 日农业部第 14 次常务会议审议通过。2002年 5 月 24 日农业部发布的《动物免疫标识管理办法》（农业部令第 13 号）同时废止。

第一节　畜禽标识概述

一、畜禽标识的概念

畜禽标识是指经农业部批准使用的耳标、电子标签、脚环以及其他承载畜禽信息的标识物。

二、适用范围

我国境内从事畜禽及畜禽产品生产、经营、运输等活动。

三、主管部门

农业部负责全国畜禽标识和养殖档案的监督管理工作。

县级以上地方人民政府畜牧兽医行政主管部门负责本行政区域内畜禽标识和养殖档案的监督管理工作。

四、家畜耳标样式

（一）耳标组成及结构

家畜耳标由主标和辅标两部分组成。主标由主标耳标面、耳标颈、耳标头组成。辅标由辅标耳标面和耳标锁扣组成。

（二）耳标形状

1．牛耳标

主标耳标面为圆形，辅标耳标面为铲形（如图 6-1）。

图 6-1　牛耳标示意图

2．羊耳标

主标耳标面为圆形，辅标耳标面为带半圆弧的长方形（如图 6-2）。

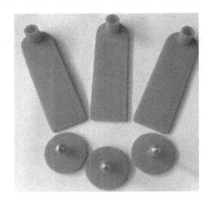

图 6-2　羊耳标示意图

3．猪耳标

主标耳标面为圆形，辅标耳标面为圆形（如图 6-3）。

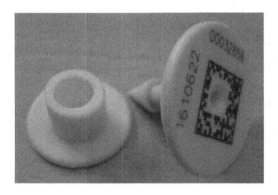

图 6-3　猪耳标示意图

（三）家畜耳标颜色

牛耳标为浅黄色，羊耳标为橘黄色，猪耳标为肉色。

（四）耳标编码

耳标编码由激光刻制，牛、羊耳标刻制在辅标耳标面正面，编码分上、下两排，上排为主编码，下排为副编码（如图 6-4、图 6-6）。猪耳标刻制在主标耳标面正面，排布为相邻直角两排，上排为主编码，右排为副编码（如图 6-5）。专用条码由激光刻制在主、副编码中央。

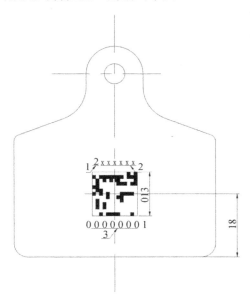

1—代表牛　2—县行政区划代码　3—动物个体连续码

图 6-4　牛耳标编码示意图

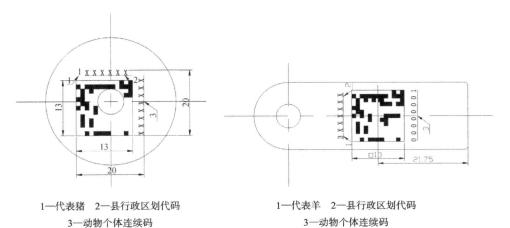

1—代表猪　2—县行政区划代码
3—动物个体连续码

图 6-5　猪耳标编码示意图

1—代表羊　2—县行政区划代码
3—动物个体连续码

图 6-6　羊耳标编码示意图

五、家畜耳标的佩带

（一）佩带时间

新出生家畜，在出生后 30 天内加施家畜耳标；30 天内离开饲养地的，在离开饲养地前加施；从国外引进的家畜，在到达目的地 10 日内加施。家畜耳标严重磨损、破损、脱落后，应当及时重新加施，并在养殖档案中记录新耳标编码。

（二）佩带工具

耳标佩带工具使用耳标钳，耳标钳由家畜耳标生产企业提供，并与本企业提供的家畜耳标规格相配备。

（三）佩带位置

首次在左耳中部加施，需要再次加施的，在右耳中部加施。

（四）消毒

佩带家畜耳标之前，应对耳标、耳标钳、动物佩带部位要进行严格的消毒。

（五）佩带方法

用耳标钳将主耳标头穿透动物耳部，插入辅标锁扣内，固定牢固，耳标颈长度和穿透的耳部厚度适宜。主耳标佩带于生猪耳朵的外侧，辅耳标佩带于生猪耳朵的内侧。

六、登记

防疫人员对生猪所佩带的耳标信息进行登记，造户成册。

七、牲畜耳标的回收与销毁

（一）回收

猪、牛、羊加施的牲畜耳标在屠宰环节由屠宰企业剪断收回，交当地动物卫生监督机构，回收的耳标不得重复使用。

（二）销毁

回收的牲畜耳标由县级动物卫生监督机构统一组织销毁，并做好销毁记录。

（三）检查

县级以上动物卫生监督机构负责牲畜饲养、出售、运输、屠宰环节牲畜耳标的监督检查。

（四）记录

各级动物疫病预防控制机构应做好牲畜耳标的订购、发放、使用等情况的登记工作。各级动物卫生监督机构应做好牲畜耳标的回收、销毁等情况的登记工作。

第二节　养殖档案的建立

一、养殖档案的主要内容

防疫人员应协助畜禽养殖场及养殖户建立养殖档案，养殖档案内容包括：

（1）畜禽的品种、数量、繁殖记录、标识情况、来源和进出场日期；

（2）饲料、饲料添加剂等投入品和兽药来源、名称、使用对象、时间和用量等有关情况；

（3）检疫、免疫、监测、消毒情况；

（4）畜禽发病、诊疗、死亡和无害化处理情况；

（5）畜禽养殖代码；

（6）农业部规定的其他内容。

二、养殖档案表格

畜禽养殖场、养殖小区备案表

畜禽标识代码：

名称		养殖品种	
规模			
地址			
畜禽养殖场（小区）负责人			
邮政编码		联系电话	
畜禽养殖场（小区）有关情况简介			

续表

名称		养殖品种	
一、生产场所和配套生产设施（主要生产工艺）：			
二、畜牧兽医技术人员数量和水平（专业技能）：			
三、《动物防疫合格证》编号：			
四、环保设施：			
现场验收意见： 验收组长签字：			
		县（区）畜牧局（盖章） 年月日	

中华人民共和国农业部监制

畜禽养殖场养殖档案

单位名称：＿＿＿＿＿＿＿＿＿＿＿

畜禽标识代码：＿＿＿＿＿＿＿＿＿

动物防疫合格证编号：＿＿＿＿＿＿

畜禽种类：＿＿＿＿＿＿＿＿＿＿＿

中华人民共和国农业部监制

（一）畜禽养殖场平面图

（由畜禽养殖场自行绘制）

（二）畜禽养殖场免疫程序

（由畜禽养殖场填写）

（三）生产记录（按日或变动记录）

圈舍号	时间	变动情况（数量）				存栏数	备注
		出生	调入	调出	死淘		

注：1. 圈舍号：填写畜禽饲养的圈、舍、栏的编号或名称。不分圈、舍、栏的此栏不填。

2. 时间：填写出生、调入、调出和死淘的时间。

3. 变动情况（数量）：填写出生、调入、调出和死淘的数量。调入的需要在备注栏注明动物检疫合格证明编号，并将检疫证明原件粘贴在记录背面。调出的需要在备注栏注明详细的去向。死亡的需要在备注栏注明死亡和淘汰的原因。

4. 存栏数：填写存栏总数，为上次存栏数和变动数量之和。

（四）饲料、饲料添加剂和兽药使用记录

开始使用时间	投入产品名称	生产厂家	批号/加工日期	用量	停止使用时间	备注

注：1. 养殖场外购的饲料应在备注栏注明原料组成。

　　2. 养殖场自加工的饲料在生产厂家栏填写自加工，并在备注栏写明使用的药物饲料添加剂的详细成分。

（五）消毒记录

日期	消毒场所	消毒药名称	用药剂量	消毒方法	操作员签字

注：1. 时间：填写实施消毒的时间。

2. 消毒场所：填写圈舍、人员出入通道和附属设施等场所。

3. 消毒药名称：填写消毒药的化学名称。

4. 用药剂量：填写消毒药的使用量和使用浓度。

5. 消毒方法：填写熏蒸、喷洒、浸泡、焚烧等。

（六）免疫记录

时间	圈舍号	存栏数量	免疫数量	疫苗名称	疫苗生产厂	批号（有效期）	免疫方法	免疫剂量	免疫人员	备注

注：1. 时间：填写实施免疫的时间。

2. 圈舍号：填写动物饲养的圈、舍、栏的编号或名称。不分圈、舍、栏的此栏不填。

3. 批号：填写疫苗的批号。

4. 数量：填写同批次免疫畜禽的数量，单位为头、只。

5. 免疫方法：填写免疫的具体方法，如喷雾、饮水、滴鼻点眼、注射部位等方法。

6. 备注：记录本次免疫中未免疫动物的耳标号。

（七）诊疗记录

时间	畜禽标识编码	圈舍号	日龄	发病数	病因	诊疗人员	用药名称	用药方法	诊疗结果

注：1. 畜禽标识编码：填写15位畜禽标识编码中的标识顺序号，按批次统一填写。猪、牛、羊以外的畜禽养殖场此栏不填。

2. 圈舍号：填写动物饲养的圈、舍、栏的编号或名称。不分圈、舍、栏的此栏不填。

3. 诊疗人员：填写做出诊断结果的单位，如某某动物疫病预防控制中心。执业兽医填写执业兽医的姓名。

4. 用药名称：填写使用药物的名称。

5. 用药方法：填写药物使用的具体方法，如口服、肌内注射、静脉注射等。

（八）防疫监测记录

采样日期	圈舍号	采样数量	监测项目	监测单位	监测结果	处理情况	备注

注：1. 圈舍号：填写动物饲养的圈、舍、栏的编号或名称。不分圈、舍、栏的此栏不填。

2. 监测项目：填写具体的内容如布氏杆菌病监测、口蹄疫免疫抗体监测。

3. 监测单位：填写实施监测的单位名称，如某某动物疫病预防控制中心。企业自行监测的填写自检。企业委托社会检测机构监测的填写受委托机构的名称。

4. 监测结果：填写具体的监测结果，如阴性、阳性、抗体效价数等。

5. 处理情况：填写针对监测结果对畜禽采取的处理方法。如针对结核病监测阳性牛的处理情况，可填写为对阳性牛全部予以扑杀。针对抗体效价低于正常保护水平，可填写为对畜禽进行重新免疫。

（九）病死畜禽无害化处理记录

日期	数量	处理或死亡原因	畜禽标识编码	处理方法	处理单位（或责任人）	备注

注：1. 日期：填写病死畜禽无害化处理的日期。

2. 数量：填写同批次处理的病死畜禽的数量，单位为头、只。

3. 处理或死亡原因：填写实施无害化处理的原因，如染疫、正常死亡、死因不明等。

4. 畜禽标识编码：填写15位畜禽标识编码中的标识顺序号，按批次统一填写。猪、牛、羊以外的畜禽养殖场此栏不填。

5. 处理方法：填写《畜禽病害肉尸及其产品无害化处理规程》GB 16548规定的无害化处理方法。

6. 处理单位：委托无害化处理场实施无害化处理的填写处理单位名称；由本厂自行实施无害化处理的由实施无害化处理的人员签字。

种畜个体养殖档案

标识编码：

品种名称		个体编号	
性别		出生日期	
母号		父号	
种畜场名称			
地址			
负责人		联系电话	
种畜禽生产经营许可证编号			
种畜调运记录			
调运日期	调出地（场）		调入地（场）

种畜调出单位（公章）　　　　　　　经办人　　　　　年　月　日

第七章

样品采集

样品采集是进行动物疫病监测、诊断的一项重要基础工作。熟练掌握样品采集操作方法对于快速、及时诊断和处理动物疫病具有重要意义。

第一节　病料采集

一、病料的采集原则

（一）适时采样

采集病料的时间一般在疾病流行早期、典型病例的急性期，此时病原的检出率高，后期由于体内免疫力的产生，病原释放减少，检测比较困难，同时可能出现交叉感染，增加判断的困难性。需从病死动物采取病料时，应从刚死亡的动物或处于濒死的动物采样；病死的动物，夏季最好不超过 6 小时，冬季不超过 24 小时，如死亡太久，尸体组织变性和腐败，就会影响病原微生物的检出和病理组织学检验的正确性。

（二）合理采样

根据疾病的病理特点采取合适的样本，选取未经药物治疗，症状最典型的动物和病变最明显的部位采取病料，如有并发症，还应兼顾采样；未能确定为何种疫病的，应根据临床症状和病理变化采集病料，或全面采样。

（三）无菌采样

采集供病原及血清学检验的病料，必须无菌操作采样。采样本所用的器械及容器要进行严格的消毒，样本采取过程都应该无菌操作，尽量避免杂菌污染。

（四）适量采样

采集病料的数量要满足诊断检测的需要，并留有余地，以备必要的复检使用。

（五）安全采样

采样过程中，一方面要做好采样人员的自身防护，特别是遇到疑似炭疽、狂犬病等烈性人畜共患病病例，不得解剖，应及时通知当地卫生防疫部门；另一方面要防止病原扩散，引起动物疫病的发生。

二、不同类型病料的采集

病料的采集一般分为损伤和非损伤两种采样方式，损伤采样是指从扑杀动物和病死尸体中采集脾、肺、肝、肾和脑等组织器官，从病死尸体采样时，应在死后尽快采取，最迟不超过 6 小时；怀疑病死动物是炭疽时，则不可随意解剖。非损伤采样是指从活体动物中采集拭子、粪便和血液等样品。

（一）细菌性病料的采集

供细菌检验的组织病料，应新鲜并以无菌技术采集。对于活的病畜禽，应注意采集其血液、口鼻分泌物、乳汁、脓汁或局部肿胀渗出液、体腔液、尿液、生殖道分泌物和粪便等。对死亡动物尸体病料采集时，应剥去皮肤，打开胸腹腔，以无菌操作采集病料，其采集病料的种类应根据生前发病情况或所作的初步诊断，有选择地采集相应含菌量最多的脏器或内容物。如遇尸体已经腐败，某些疫病的致病菌仍可生存于骨髓中，这时应采集长骨或肋骨，从骨髓中分离细菌。

（二）病毒性病料的采集

当初步诊断为病毒感染时，如从动物活体上采集病料，必须在发病初期、急性期或发热期，否则病毒可很快在血液中消失，组织内病毒的含量也因抗体的产生而迅速下降。从死亡动物尸体上采集病料，其方法与细菌性病料的采集方法基本相同。无论是从活体还是尸体上采集病料，既要避免污染，又要防止病毒被灭活。

（三）中毒材料的采集

供毒物检验的病料，一般应采取胃和肠的内容物、肝、肾、血液、尿液以及引起中毒可疑的剩余饲料等。急性中毒急宰或冷宰肉尸，当缺少内脏时，可从尸体的不同部位取混合样。

（四）死因不明动物尸体病料的采集

对无法做出初步诊断的死因不明动物尸体，采集病料应尽量全面系统，或根据症状和病理变化有所侧重。有败血症病理变化时，应采取心血和淋巴结、脾、肝等；有明显神经症状者，应采集脑、脊髓；有黄疸、贫血症状者，可采肝、脾等。

三、常见病料的采集方法

（一）脏器组织

1. 实质器官

实质器官采样时，先剥去动物胸腹部皮肤，将腹腔、胸腔打开，根据检验目的，立即无菌采集不同的组织，否则容易污染。如果剖开后暴露时间较久，则应于采取部位用烧红的烙铁或手术刀片烧烙脏器表面，以杀灭脏器表面杂菌后，再采取病料。心、肝、脾、肺、肾等实质器官组织，应选择病变明显的部位采取小块组织即可，若幼小畜禽，可采取完整的器官，分别置于灭菌容器内。

2．淋巴结

采集淋巴时选择采取病变组织器官邻近的淋巴结，将淋巴结与周围脂肪组织一起采集，并尽可能多取几个。若采取胃肠附近的淋巴结，应防止胃肠内容物污染。

3．肠管

选取外观有病变部位的肠管，用线扎紧病变明显处（5～10厘米）的两端，自扎线外侧剪断，把该段肠管置于灭菌容器中，冷藏送检。

4．皮肤

皮肤病料应在病变明显而典型的部位采取。一般情况下应采取大约10厘米×10厘米皮肤一块，剪取的皮肤病料，供病原检验的应放入灭菌的容器，或加入保存液后作冷藏送检；做组织学检验的应立即投入固定液（10%福尔马林溶液）内固定；做寄生虫检验的可放入有盖容器内供直接镜检；检查活动物的寄生虫病如疥螨、痒螨等时，可在患病皮肤与健康皮肤交界处，用凸刃小刀，使刀刃与皮肤表面垂直，刮取皮屑，直到皮肤轻度出血，接取皮屑供检验。

5．脑脊髓液及管骨

脑可纵切取其一半，必要时采取部分骨髓或脊髓液。若尸体腐败，可取长骨或肋骨，从骨髓中检查细菌，某些情况下可取整个头。脑及脊髓病料浸入50%甘油生理盐水中，整个头或骨用浸过消毒液的纱布或油布包裹，冷藏送检。

6．流产胎儿

小家畜胎儿可将整个胎儿尸体包入塑料薄膜中送检，或采取胎儿胃和内容物及其他病变组织送检。

（二）血液

1. 采血方法

无菌操作从动物静脉采血，注入灭菌小瓶中，猪、兔多在耳静脉采血，狗多在后肢外侧面小隐静脉或前肢内侧头静脉采血，猫多在前肢内侧头静脉和后肢内侧面大隐静脉采血，家禽多在翼下静脉采血。

（1）耳静脉血采集步骤（适用猪、兔等，如图7-1、图7-2）。

1）将猪、兔站立或横卧保定，或用保定器具保定。

2）耳静脉局部按常规消毒处理。

3）1人用手指捏压耳根部静脉血管处，使静脉充盈、怒张（或用酒精棉反复局部涂擦以引起其充血）。

4）术者用左手把持耳朵，将其托平并使采血部位稍高。

5）右手持连接针头的采血器，沿静脉管使针头与皮肤呈30°～45°角，刺入皮肤及血管内，轻轻回抽针芯，如有回血即证明已刺入血管，再将针管放平并沿血管稍向前伸入，抽取血液。

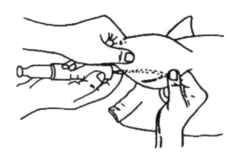 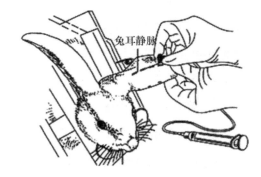

图7-1　猪耳静脉采血示意图　　　　图7-2　兔耳静脉采血示意图

（2）颈静脉采血操作步骤（适用马、牛、羊等大家畜，如图7-3）。

1）保定好动物，使其头部稍前伸并稍偏向对侧。

2）对颈静脉局部进行剪毛、消毒。

3）看清颈静脉后，采血者用左手拇指（或示指与中指）在采血部位稍下方（近心端）压迫静脉血管，使之充盈、怒张。

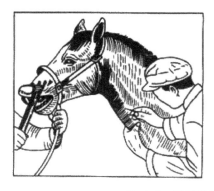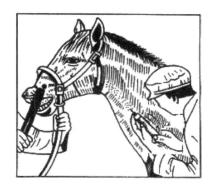

图 7-3　马属动物颈静脉采血示意图

4）右手持采血针头，沿颈静脉沟与皮肤呈 45° 角，迅速刺入皮肤及血管内，如见回血，即证明已刺入；使针头后端靠近皮肤，以减小其间的角度，近似平行地将针头再伸入血管内 1 ～ 2 厘米。

5）放开压迫脉管的左手，收集血液。采完后，以干棉球压迫局部并拔出针头，再以 5％碘酊进行局部消毒。

注意事项：采血完毕，做好止血工作，即用酒精棉球压迫采血部位止血，防止血流过多。酒精棉球压迫前要挤净酒精，防止酒精刺激引起流血过多。

牛的皮肤较厚，颈静脉采血刺入时应用力并瞬时刺入，见有血液流出后，将针头送入采血管中，即可流出血液。

（3）前腔静脉采血操作步骤（多用于猪，适用于大量采血）。

1）仰卧保定，把前肢向后方拉直。

2）选取胸骨端与耳基部的连线上胸骨端旁开 2 厘米的凹陷处，消毒。

3）用装有 20 号针头的注射器刺入消毒部位，针刺方向为向后内方与地面呈 60° 角刺入 2 ～ 3 厘米，当进入约 2 厘米时可一边刺入一边回抽针管内芯；刺入血管时即可见血进入管内，采血完毕，局部消毒。

（4）心脏采血操作步骤（适用家兔）。

1）确定心脏的生理部位。家兔的心脏部位约在胸前由下向上数第3与第4肋骨间。

2）选择用手触摸心脏搏动最强的部位，去毛消毒。

3）将稍微后拉栓塞的注射器针头由剑状软骨左侧呈 30º ～ 45º 刺入心脏，当家兔略有颤动时，表明针头已穿入心脏，然后轻轻地抽取，如有回血，表明已插入心腔内，即可抽血；如无回血，可将针头退回一些，重新插入心腔内，若有回血，则顺心脏压力缓慢抽取所需血量。

（5）成年禽类心脏采血操作步骤。

成年禽类采血可取侧卧或仰卧保定。

1）侧卧保定采血：助手抓住禽两翅及两腿，右侧卧保定，在触及心搏动明显处，或胸骨脊前端至背部下凹处连线的1/2处消毒，垂直或稍向前方刺入2～3厘米，回抽见有回血时，即把针芯向外拉使血液流入采血针。

2）仰卧保定采血：胸骨朝上，用手指压离嗉囊，露出胸前口，用装有长针头的注射器，将针头沿其锁骨俯角刺入，顺着体中线方向水平穿行，直到刺入心脏。

注意事项：①确定心脏部位，切忌将针头刺入肺脏；②顺着心脏的跳动频率抽取血液，切忌抽血过快。

（6）翅静脉采血操作步骤（适用于禽类在采血量少时）。

1）侧卧保定，展开翅膀，露出腋窝部，拔掉羽毛，在翅下静脉处消毒。

2）拇指压迫近心端，待血管怒张后，用装有细针头的注射器，平行刺入静脉，放松对近心端的按压，缓慢抽取血液。

注意事项：采血完毕及时压迫采血处止血，避免形成淤血块。

2．抗凝血

采集抗凝血时，应事先在真空采血管或其他采血容器中加入抗凝剂，按10毫升血液加入0.1％的肝素1毫升或EDTA二钠20毫克，采集的血液立即与抗凝剂充分混合，防止凝固。采集的血液经密封后贴上标签，以冷藏状态立即送实验室。运输中血液不可冻结，不可剧烈振动，以免溶血。

3. 血清

分离血清的血液不必加抗凝剂。不加抗凝剂的血液，用离心机以3000r/min离心10分钟，将红细胞与血浆分开，然后让其自凝或置37℃恒温箱内，促使血凝块加快收缩，待血凝块收缩离开管壁后，再以同样转速离心10分钟，即得清澈的血清。如无离心机，应将盛血试管斜置，使血液形成斜面，静置（置温箱中1小时，然后置冰箱中过夜，使血清析出；切忌在血液未凝固前强行分离血清，而造成溶血。血清可放在灭菌玻璃瓶或青霉素小瓶中，于4℃条件下保存，不要反复冻融。为了防腐，每毫升血清中可加入5%石炭酸溶液1～2滴，或加入0.01%的叠氮化钠1～2滴。采集双份血清检测比较抗体效价变化的，第一份血清采于病的初期，并作冷冻保存，第二份血清采于第一份血清后3～4周，双份血清同时送实验室。

（三）分泌液和渗出液

1. 乳汁

乳房、乳头以及术者的手，均用0.1%的新洁尔灭溶液洗净消毒，弃去最先挤出的乳汁，然后采10～20毫升，注入灭菌试管内或小瓶中，加塞。

2. 脓汁

开放的化脓灶可用灭菌的棉花拭子蘸取脓汁，放入试管；未破溃的脓灶可用采血器或注射器刺入脓肿，吸出脓汁注入灭菌容器内。

3. 水疱液和水疱皮

水疱液可用灭菌采血器或注射器吸取，置于灭菌容器内；水疱皮可用灭菌剪刀剪取小块水疱皮于灭菌瓶内，与水疱液一并送检。

4. 水肿液

皮下水肿液和关节囊（腔）渗出液，用注射器从积液处抽取置于灭菌容器内。

5．眼、鼻腔、口腔的分泌物或渗出液

用灭菌的棉拭子蘸取眼、鼻腔、口腔的分泌物或渗出液置灭菌试管内，也可将棉拭上的分泌物洗在灭菌肉汤等保存液内。

6．咽、食道分泌物

应将患病动物头部保定，用开口器打开口腔，可用食道拭子或棉拭子伸入舌根后上方咽、食道处反复刮取或拭取病料后，置于灭菌试管内。

7．尿液

可在动物排尿时收集，也可以用导管导尿采集；死后的动物可打开腹腔，用灭菌注射器刺入膀胱，抽取尿液；也可将膀胱颈结扎，剪取整个膀胱送检。

8．渗出液

如尸体剖检的胸腔积液、腹水、心包液、关节囊液等可用灭菌采血器或注射器或灭菌吸管吸取，置于灭菌容器内。

9．胸腔积液、腹水穿刺采取

用穿刺针或灭菌注射器带长针头刺入胸腔或腹腔抽取。

（四）胃肠内容物及粪便

1．胃内容物

中小家畜可将食道及十二指肠结扎，断端烧烙后，将整个胃送检。大家畜胃内容物，用无菌手术刀切开胃后，用灭菌匙采取。

2．肠内容物

可选取适宜肠段 7 厘米左右，两端结扎，以灭菌剪刀从结扎线外端剪断，置玻璃容器或塑料袋中。

3．粪便

供病毒的检验粪便必须新鲜，少量采集时，用清洁灭菌玻璃棒挑取新鲜粪便或以灭菌的棉拭子从直肠深处或泄殖腔黏膜上蘸取粪便，并立即投入灭菌的试管内密封。如采集较多量时，可将动物肛门周围消毒后，用器械或用带上乳胶手套的手伸入直肠掏取粪便；也可用压舌板插入直肠，轻轻用力下压，刺激排粪，收集粪便。所收集的粪便装入灭菌的容器内，经密封并贴上标签，立即冷藏或冷冻后送实验室。供细菌检验的粪便，在采样前 1 周内动物不能使用抗菌药物。供寄生虫检验的粪便应选择新排出的或直接从直肠内采得的粪便，保持虫体或虫体节片及虫卵的固有形态。

（五）生殖道病料

生殖道病料主要是死胎、流产排出的胎儿、胎盘、阴道分泌物、阴道冲洗液、阴茎包皮冲洗液、精液、受精卵等。流产的胎儿及胎盘可按采集组织病料的方法，无菌采集有病变的组织；精液以人工采精方法收集；阴道、阴茎包皮分泌物可用棉拭子从深部蘸取样品，亦可将阴茎包皮外周、阴户周围消毒后，以灭菌生理盐水冲洗阴道、阴茎包皮，收集冲洗液。采集的各种病料，供病毒检验的立即冻结或加入保存液；做细菌检验的立即冷藏；做组织检验的迅速切成小块投入固定液内固定，贴上标签后迅速送实验室。

采集病料注意事项

（1）采样所用刀、剪要锐利，切割要迅速准确，且忌拉锯式切割，并要防止挤压病料，造成人为的变化。

（2）采集的每块组织标本应包含有病变和其周围较正常的组织，包含器官的重要组成部分。如肾应有皮质、髓质、肾盂等，肝、脾、肺应含有被膜。

（3）病料以 2～3 厘米厚、4 厘米×5 厘米大小为宜，特殊的 5 厘米×8 厘米，以利于及时而彻底固定。

（4）死后要立即采集病料，尤其夏季不应超过 4 小时，拖延过久，则组织变性、腐败，影响检验结果。

（5）当怀疑为炭疽时应禁止剖检，可在颈静脉处切开皮肤，抽取血液做血片数张，立即送检。排除炭疽后，方可剖检取材。

（6）除病理组织学检验病料及胃肠内容物外，其他病料应无菌采集。采取病料的器械和容器必须经过消毒是无菌的。刀、剪、镊等用具煮沸消毒30分钟，使用前用酒精擦拭，用时再用酒精灯火焰消毒。器皿（试管、玻璃瓶、平皿等）经高压蒸汽灭菌15分钟或干热灭菌（160℃）2小时。注射器和针头应于清水中煮沸30分钟。

（7）当采集活体病料时，如有多数动物发病，取材时应选择症状和病变典型，有代表性的病例，最好选择未经抗生素治疗的病例。

（8）采取一种病料，使用一套灭菌的器械和容器。不同个体脏器不能混在一起，同一个体不同脏器，也不能混在一起，应分别用不同容器盛装。

（9）在整个采集病料过程中，应注意个人防护。

（10）采取病料完成后，器械应先消毒再清洗；采集者的双手先用肥皂水洗涤，再用消毒液洗，最后用清水洗；采取病料的场所应采取冲洗、喷洒消毒药或烧灼等消毒措施，避免散播病原微生物；采集人员的衣物先用消毒液浸泡，再用清水洗净，在太阳下晾晒。

第二节　病料的保存、记录、送检以及病料保存剂

一、病料的包装

装载病料的容器可选择玻璃的或塑料的瓶、试管或袋均可，但是，容器必须密封、不泄漏。装供病原检验病料的容器，用前应彻底清洗干净，再以干热或高压蒸汽灭菌并烘干。一个容器装量不可过多，尤其液态病料不可超过容量

的 80%，以防冻结时容器破裂。装入病料后必须加盖，然后用胶布或胶带固封。如是液态病料，在胶布或胶带固封外，还须用熔化的石蜡加封，以防液体外泄。如果选用塑料袋，则应用两层袋，分别用线结扎袋口，防止液体漏出或进入水污染病料。每个病料在病料包装外面贴上标签，注明病料名称、编号、采样日期、采样地点、畜种等。再将各个病料放到大塑料袋或箱中。袋或箱外要贴封条，封条上要有采样人签章，并注明贴封日期；标注放置方向、注意轻拿轻放、切勿倒置等字样。

二、病料的保存

进行微生物学检验的病料，必须保持新鲜，避免污染、变质。若病料不能立即送检时，应加以保存。无论是细菌性还是病毒性检验材料，最佳的保存方法均为冷藏。病料短时间保存，可放入冰箱或加冰的保温容器中（保温箱或保温瓶）冷藏保存；若 24 小时不能送到实验室，需要在 $-2\,℃$ 以下保存。病料若较长时间存放，则应在 $-70\,℃$ 以下条件保存，但不得反复冻融；如果没有低温条件，可加入适宜的保存液保存。供细菌检验的组织病料，放入灭菌液体石蜡或 30% 甘油生理盐水、30% 甘油缓冲液、饱和盐水中保存；供病毒检验的组织病料放入 50% 甘油生理盐水或 50% 磷酸盐缓冲液中保存；供病理组织学检验的组织病料放入 10% 福尔马林或 95% 酒精中保存，病料与保存液的比例为 1∶10，如用 10% 福尔马林固定，应在 24 小时换液一次，脑、脊髓组织需用 10% 中性福尔马林溶液固定。保存的病料要贴上标签，并注明病料名称、病料来源、采样人员、编号、采样日期等。

三、病料的记录

每种病料要做好标记，并附上送检单，送检单一式三份，一份存查，两份寄往检验单位，检验完毕后退回一份。病料送检单内容包括：送检单位及其地址、电话、传真，动物种类、性别、年龄、发病日期、死亡日期、采取病料日期、送检日期，动物疫病流行情况、临床症状、病理剖检变化、防治情况，病料种类、数量、处理及保存方法，送检目的、送检人及其联系电话等。病料置于保温容器中运输时，保温容器必须密封，防止渗漏。送检病料过程中，为防止病料容器破损，应妥善包装，防止碰撞，尽可能保持平稳运输。用飞机运送时，病料应放在增压仓内，以防压力改变，病料容器受损。

四、病料的送检

运送病料时，最好由专人送检，并附上送检单。病料经包装密封后，必须尽快送往实验室，延误送检时间会严重影响诊断结果。因此，在送病料过程中，要根据病料的保存要求及检验目的，妥善安排运送计划。供细菌检验、寄生虫检验及血清学检验的冷藏病料，必须在24小时内送到实验室；供病毒检验的冷藏处理病料，须在数小时内送达实验室，若能在4小时内送到实验室，可只用带冰的保温容器冷藏运输；如果超过4小时，要做冷冻处理。应先将病料置于−30℃冻结，然后再在保温瓶内加冰运输，经冻结的病料必须在24小时内送到。24小时内不能送到实验的，需要在运送过程中使病料温度处于−20℃以下。

五、病料保存剂的配制

1. 30% 甘油生理盐水

30毫升纯净甘油（一级或二级）、70毫升生理盐水，混匀后，经高压蒸汽灭菌备用。

2．50% 甘油生理盐水

50 毫升纯净甘油、50 毫升生理盐水，混匀后，经高压蒸汽灭菌备用。

3．50% 甘油磷酸盐缓冲液

纯净甘油 50 毫升，磷酸盐缓冲液 50 毫升，混匀后，经高压蒸汽灭菌备用。

4．30% 甘油缓冲溶液

纯净甘油 30 毫升、氯化钠 0.5 克、磷酸氢二钠 1 克、0.02% 酚红 1.5 毫升、蒸馏水 100 毫升，溶解混匀后，高压蒸汽灭菌备用。

5．等渗磷酸盐缓冲液（0.01 摩尔 / 升，pH 值 7.4， PBS）

取氯化钠 8 克、磷酸二氢钾 0.2 克、磷酸氢二钠 2.9 克、氯化钾 0.2 克，按次序加入容器中，加适量蒸馏水溶解后，调 pH 值至 7.4，再定容至 1000 毫升，高压蒸汽灭菌 20 分钟，冷却后，保存于 4℃冰箱中备用。

6．棉拭子用抗生素 PBS（病毒保存液）

取上述 PBS 液，按要求加入下列抗生素：喉气管拭子用 PBS 液中加入青霉素（2000 国际单位 / 升）、链霉素（2 毫克 / 升）、丁胺卡那霉素（1000 国际单位 / 升）、制霉菌素（1000 国际单位 / 升），粪便和泄殖腔拭子所用的 PBS 中抗生素浓度应提高 5 倍，加入抗生素后应调 pH 值至 7.4。在采样前分装小塑料离心管，每管中加上述 PBS 1.0 ～ 1.3 毫升。采粪便时，在青霉素瓶中加 PBS 1.0 ～ 1.5 毫升，采样前冷冻保存。

7．饱和食盐水溶液

取蒸馏水 100 毫升，加入氯化钠 38 ～ 39 克，充分搅拌溶解后，然后用滤纸过滤，高压灭菌备用。

8．10% 福尔马林

取福尔马林（40% 甲醛溶液）10 毫升加入蒸馏水 90 毫升即成，常用于保存病理组织学材料。

第八章

患病、病死畜禽的处理

患病、病死畜禽含大量病原体，是引发动物疫病的重要传染源。对病死畜禽要及时进行无害化处理，有利于防止病原扩散，防止疫病的发生和流行。

第一节　患病畜禽的处理

一、隔离

隔离患病畜禽和可疑感染的畜禽是防控传染病的重要措施之一，隔离的目的是控制传染源，防止传染病传播蔓延，以便将疫情控制在最小范围内并就地扑灭。

在传染病流行时，应对畜群进行疫情监测，查明畜群感染的程度。应逐头检查临诊症状，必要时进行血清学和变态反应检查。根据疫情监测的结果，可将全部家畜分为病畜、可疑感染家畜和假定健康家畜三类，以便分别处置。

（一）病畜

病畜包括有典型症状或类似症状，或其他特殊检查呈阳性的家畜。它们是危险性最大的传染源，应选择不易散播病原微生物、容易消毒处理的场所或房舍进行隔离。如病畜数目较多，可集中隔离在原来的畜舍里。隔离的病畜须有专人管、饲养、护理，及时进行治疗；隔离场所禁止其他人畜出入；工作人员出入应遵消毒制度；隔离区内的用具、饲料、粪便等，未经彻底消毒处理不得运出；没有治疗价值的或烈性传染病不宜治疗的病畜应扑杀、销毁或按国家有关规定进行处理。

（二）可疑感染家畜

未发现任何症状，但与病畜及其污染的环境有过接触的家畜，如同群、同舍、同槽、同牧、使用共同的水源、用具等。这类家畜有可能被感染，处于潜伏期，并有排菌（毒）的危险，应在消毒后另选地方将其隔离、看管，限制其活动，详加观察，出现症状的则按病畜处理。有条件时应立即进行紧急免疫接种或预防性治疗。隔离观察时间的长短，根据该种传染病潜伏期长短而定，经一定时间不发病者，可取消其限制。

（三）假定健康家畜

除上述两类外，疫区内其他易感家畜都属于此类，对这类家畜应采取保护措施。应与上述两类家畜严格分开隔离饲养，加强防疫消毒和相应的保护措施，立即进行紧急免疫接种，必要时可根据实际情况转移至其他地方饲养。

二、病死畜禽的运送

（一）运送前的准备

1. 设置警戒线、防虫

动物尸体和其他须被无害化处理的物品应被警戒，以防止其他人员接近，防止家养动物、野生动物及鸟类接触和携带染疫物品。如果存在昆虫传播疫病给周围易感动物的危险，就应考虑实施昆虫控制措施。如果对染疫动物及产品的处理被延迟，应用有效消毒药品彻底消毒。

2．工具准备

运送车辆、包装材料、消毒用品。

3．人员准备

工作人员应穿戴工作服、口罩、护目镜、胶鞋及手套，做好个人防护。

（二）装运

将尸体各天然孔用蘸有消毒液的湿纱布、棉花严密填塞，小动物和禽类可用塑料袋盛装，以免流出粪便、分泌物、血液等污染周围环境。在尸体躺过的地方，应用消毒液喷洒消毒，如为土壤地面，应铲去表层土，连同尸体一起运走。运送过尸体的用具、车辆应严格消毒；工作人员用过的手套、衣物及胶鞋等均应进行消毒。

注意事项

（1）箱体内的物品不能装得太满，应留下半米或更多的空间，以防肉尸的膨胀（取决于运输距离和气温）。

（2）肉尸在装运前不能被切割，运载工具应缓慢行驶，以防止溅溅。

（3）工作人员应携带有效消毒药品和必要消毒工具以及处理路途中可能发生的溅溢。

（4）所有运载工具在装前卸后必须彻底消毒。

第二节　尸体无害化处理方法

尸体的处理方法有多种，各具优缺点，在实际工作中应根据具体情况和条件加以选择。

一、深埋法

深埋法是处理畜禽病害肉尸的一种常用、可靠、简便易行的方法。

（一）地点选择

深埋地点应远离居民区、水源、泄洪区、草原及交通要道，不影响农业生产，避开公共视野。

（二）挖坑

1. 大小

掩埋坑的大小取决于机械、场地和所须掩埋物品的多少。

2. 深度

坑应尽可能的深（不得少于 3 米）、坑壁应垂直。

3. 宽度

坑的宽度应能让机械平稳地水平填埋处理物品，例如，如果使用推土机填埋，坑的宽度不能超过一个举臂的宽度（大约 3 米），否则很难从一个方向把肉尸水平地填入坑中，确定坑的适宜宽度是为了避免填埋后还不得不在坑中移动肉尸。

4. 长度

坑的长度则应由填埋物品的多少来决定。

5. 容积

估算坑的容积可参照以下参数：坑的底部必须高出地下水位至少 1 米，每头大型成年动物（或 5 头成年羊）约需 1.5 立方米的填埋空间，坑内填埋的肉尸和物品不能太多，掩埋物的顶部距坑面不得少于 1.5 米。

（三）掩埋

1．坑底处理

在坑底撒漂白粉或生石灰，量可根据掩埋尸体的量确定（$0.5 \sim 2.0$ kg/m²）掩埋尸体量大的应多加，反之可少加或不加。

2．尸体处理

动物尸体先用 10% 漂白粉上清液喷雾（200 mL/㎡），作用 2 小时。

3．入坑

将处理过的动物尸体投入坑内，使之侧卧，并将污染的土层和运尸体时的有关污染物如垫草、绳索、饲料、少量的奶和其他物品等一并入坑。

4．掩埋

先用 40 厘米厚的土层覆盖尸体，然后再放入未分层的熟石灰或干漂白粉 $20 \sim 40$ g/m²（$2 \sim 5$ 厘米厚），然后覆土掩埋，平整地面，覆盖土层厚度不应少于 1.5 米。

5．设置标识

掩埋场应标志清楚，并得到合理保护。

6．场地检查

应对掩埋场地进行必要的检查，以便在发现渗漏或其他问题时及时采取相应措施，在场地可被重新开放载畜之前，应对无害化处理场地再次复查，以确保对牲畜的生物和生理安全。复查应在掩埋坑封闭后 3 个月进行。

注意事项

（1）石灰或干漂白粉切忌直接覆盖在尸体上，因为在潮湿的条件下熟石灰会减缓或阻止尸体的分解。

（2）对牛、马等大型动物，可通过切开瘤胃（牛）或盲肠（马）对大型动物开膛，让腐败分解的气体逃逸，避免因尸体腐败产生的气体可导致未开膛动物的鼓胀，造成坑口表面的隆起甚至尸体被挤出。对动物尸体的开膛应在坑边进行，任何情况下都不允许人到坑内去处理动物尸体。

（3）掩埋工作应在现场督察人员的指挥、控制下，严格按程序进行，所有工作人员在工作开始前必须接受培训。

二、焚烧法

焚烧法是指在焚烧容器内，使动物尸体及相关动物产品在富氧或无氧条件下进行氧化反应或热解反应的方法。焚烧法既费钱又费力，只有在不适合用掩埋法处理动物尸体时用。

（一）直接焚烧法

1. 操作步骤

可视情况对病死及病害动物和相关动物产品进行破碎等预处理。具体操作如下：

（1）将病死及病害动物和相关动物产品或破碎产物，投至焚烧炉本体燃烧室，经充分氧化、热解，产生的高温烟气进入二次燃烧室继续燃烧，产生的炉渣经出渣机排出。

（2）燃烧室温度应 ≥ 850℃。燃烧所产生的烟气从最后的助燃空气喷射口或燃烧器出口到换热面或烟道冷风引射口之间的停留时间应 ≥ 2 秒。焚烧炉出口烟气中氧含量应为 6% ～ 10%（干气）。

（3）二次燃烧室出口烟气经余热利用系统、烟气净化系统处理，达到 GB 16297 要求后排放。

（4）焚烧炉渣与除尘设备收集的焚烧飞灰应分别收集、贮存和运输。焚烧炉渣按一般固体废物处理或作资源化利用；焚烧飞灰和其他尾气净化装置收集的固体废物需按 GB 5085.3 要求作危险废物鉴定，如属于危险废物，则按 GB 18484 和 GB 18597 要求处理。

2．操作注意事项

（1）严格控制焚烧进料频率和重量，使病死及病害动物和相关动物产品能够充分与空气接触，保证完全燃烧。

（2）燃烧室内应保持负压状态，避免焚烧过程中发生烟气泄露。

（3）二次燃烧室顶部设紧急排放烟囱，应急时开启。

（4）烟气净化系统，包括急冷塔、引风机等设施。

（二）炭化焚烧法

1．技术工艺

（1）病死及病害动物和相关动物产品投至热解炭化室，在无氧情况下经充分热解，产生的热解烟气进入二次燃烧室继续燃烧，产生的固体炭化物残渣经热解炭化室排出。

（2）热解温度应≥600℃，二次燃烧室温度≥850℃，焚烧后烟气在850℃以上停留时间≥2秒。

（3）烟气经过热解炭化室热能回收后，降至600℃左右，经烟气净化系统处理，达到 GB 16297 要求后排放。

2．操作注意事项

（1）应检查热解炭化系统的炉门密封性，以保证热解炭化室的隔氧状态。

（2）应定期检查和清理热解气输出管道，以免发生堵塞。

（3）热解炭化室顶部需设置与大气相连的防爆口，热解炭化室内压力过大时可自动开启泄压。

（4）应根据处理物种类、体积等严格控制热解的温度、升温速度及物料在热解炭化室里的停留时间。

三、化制法

不得用于患有炭疽等芽孢杆菌类疫病，以及牛海绵状脑病、痒病的染疫动物及产品、组织的处理。

（一）干化法

1. 技术工艺

（1）可视情况对病死及病害动物和相关动物产品进行破碎等预处理。

（2）病死及病害动物和相关动物产品或破碎产物输送入高温高压灭菌容器。

（3）处理物中心温度 ≥ 140℃，压力 ≥ 500 千帕（绝对压力），时间 ≥ 4 小时（具体处理时间随处理物种类和体积大小而定）。

（4）加热烘干产生的热蒸汽经废气处理系统后排出。

（5）加热烘干产生的动物尸体残渣传输至压榨系统处理。

2. 操作注意事项

（1）搅拌系统的工作时间应以烘干剩余物基本不含水分为宜，根据处理物量的多少，适当延长或缩短搅拌时间。

（2）应使用合理的污水处理系统，有效去除有机物、氨氮，达到 GB 8978 要求。

（3）应使用合理的废气处理系统，有效吸收处理过程中动物尸体腐败产生的恶臭气体，达到 GB 16297 要求后排放。

（4）高温高压灭菌容器操作人员应符合相关专业要求，持证上岗。

（5）处理结束后，需对墙面、地面及其相关工具进行彻底清洗消毒。

四、湿化法

1．技术工艺

（1）可视情况对病死及病害动物和相关动物产品进行破碎预处理。

（2）将病死及病害动物和相关动物产品或破碎产物送入高温高压容器，总质量不得超过容器总承受力的五分之四。

（3）处理物中心温度 ≥ 135℃，压力 ≥ 300 千帕（绝对压力），处理时间 ≥ 30 分钟（具体处理时间随处理物种类和体积大小而定）。

（4）高温高压结束后，对处理产物进行初次固液分离。

（5）固体物经破碎处理后，送入烘干系统；液体部分送入油水分离系统处理。

2．操作注意事项

（1）高温高压容器操作人员应符合相关专业要求，持证上岗。

（2）处理结束后，需对墙面、地面及其相关工具进行彻底清洗消毒。

（3）冷凝排放水应冷却后排放，产生的废水应经污水处理系统处理，达到 GB 8978 要求。

（4）处理车间废气应通过安装自动喷淋消毒系统、排风系统和高效微粒空气过滤器（HEPA 过滤器）等进行处理，达到 GB 16297 要求后排放。

五、高温法

1．技术工艺

（1）可视情况对病死及病害动物和相关动物产品进行破碎等预处理。处理物或破碎产物体积（长 × 宽 × 高）≤ 125 立方厘米（5 厘米 ×5 厘米 ×5 厘米）。

（2）向容器内输入油脂，容器夹层经导热油或其他介质加热。

（3）将病死及病害动物和相关动物产品或破碎产物输送入容器内，与油脂混合。常压状态下，维持容器内部温度≥180℃，持续时间≥2.5 小时（具体处理时间随处理物种类和体积大小而定）。

（4）加热产生的热蒸汽经废气处理系统后排出。

（5）加热产生的动物尸体残渣传输至压榨系统处理。

2．操作注意事项

（1）搅拌系统的工作时间应以烘干剩余物基本不含水分为宜，根据处理物量的多少，适当延长或缩短搅拌时间。

（2）应使用合理的污水处理系统，有效去除有机物、氨氮，达到 GB 8978 要求。

（3）应使用合理的废气处理系统，有效吸收处理过程中动物尸体腐败产生的恶臭气体，达到 GB 16297 要求后排放。

（4）高温高压灭菌容器操作人员应符合相关专业要求，持证上岗。

（5）处理结束后，需对墙面、地面及其相关工具进行彻底清洗消毒。

六、化学处理法

（一）硫酸分解法

1．技术工艺

（1）可视情况对病死及病害动物和相关动物产品进行破碎等预处理。

（2）将病死及病害动物和相关动物产品或破碎产物，投至耐酸的水解罐中，按每吨处理物加入水 150～300 千克，后加入 98% 的浓硫酸 300～400 千克（具体加入水和浓硫酸量随处理物的含水量而定）。

（3）密闭水解罐，加热使水解罐内升至 100～108℃，维持压力≥150 千帕，反应时间≥4 小时，至罐体内的病死及病害动物和相关动物产品完全分解为液态。

2．操作注意事项

（1）处理中使用的强酸应按国家危险化学品安全管理、易制毒化学品管理有关规定执行，操作人员应做好个人防护。

（2）水解过程中要先将水加入到耐酸的水解罐中，然后加入浓硫酸。

（3）控制处理物总体积不得超过容器容量的 70%。

（4）酸解反应的容器及储存酸解液的容器均要求耐强酸。

（二）化学消毒法

化学消毒法适用于被病原微生物污染或可疑被污染的动物皮毛消毒。

1．盐酸食盐溶液消毒法

（1）用 2.5% 盐酸溶液和 15% 食盐水溶液等量混合，将皮张浸泡在此溶液中，并使溶液温度保持在 30℃左右，浸泡 40 小时，1 平方米的皮张用 10 升消毒液（或按 100 毫升 25% 食盐水溶液中加入盐酸 1 毫升配制消毒液，在室温 15℃条件下浸泡 48 小时，皮张与消毒液之比为 1∶4）。

（2）浸泡后捞出沥干，放入 2%（或 1%）氢氧化钠溶液中，以中和皮张上的酸，再用水冲洗后晾干。

2．过氧乙酸消毒法

（1）将皮毛放入新鲜配制的 2% 过氧乙酸溶液中浸泡 30 分钟。

（2）将皮毛捞出，用水冲洗后晾干。

3．碱盐液浸泡消毒法

（1）将皮毛浸入 5% 碱盐液（饱和盐水内加 5% 氢氧化钠）中，室温（18～25℃）浸泡 24 小时，并随时加以搅拌。

（2）取出皮毛挂起，待碱盐液流净，放入 5% 盐酸液内浸泡，使皮上的酸碱中和。

（3）将皮毛捞出，用水冲洗后晾干。